了凡四训

〔明〕袁了凡 著
陈美锦 编译

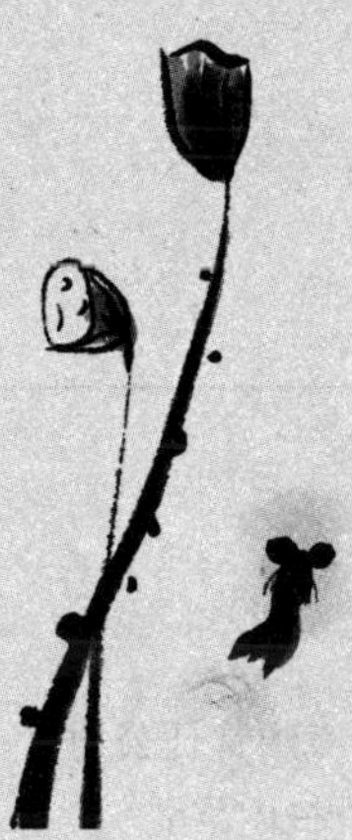

民主与建设出版社
·北京·

图书在版编目（CIP）数据

了凡四训 /（明）袁了凡著 ; 陈美锦编译 . -- 北京 : 民主与建设出版社 , 2024. 12. -- ISBN 978-7-5139-4802-9

Ⅰ. B823.1

中国国家版本馆 CIP 数据核字第 2024GS1321 号

了凡四训

LIAOFAN SIXUN

著　　者　〔明〕袁了凡
编　　译　陈美锦
责任编辑　郝　平
封面设计　冬　凡
出版发行　民主与建设出版社有限责任公司
电　　话　（010）59417749　59419778
社　　址　北京市朝阳区宏泰东街远洋万和南区伍号公馆 4 层
邮　　编　100102
印　　刷　三河市兴博印务有限公司
版　　次　2024 年 12 月第 1 版
印　　次　2025 年 1 月第 1 次印刷
开　　本　720mm × 1020mm　1/16
印　　张　13
字　　数　135 千字
书　　号　ISBN 978-7-5139-4802-9
定　　价　42.00 元

注：如有印、装质量问题，请与出版社联系。

前　言

袁黄，号了凡，今浙江嘉善人，生于明嘉靖十二年（1533），万历十四年（1586）中进士，万历十六年（1588）任宝坻知县，万历二十年（1592）任兵部职方司主事。后罢归乡里，著书立说，担任《嘉善县志》主笔，1606年夏去世，享年74岁。明天启元年（1621），朝廷追叙袁了凡东征之功，追赠尚宝司少卿。清乾隆二年（1737）入祀魏塘书院“六贤祠”。

了凡先生家里并不富有，可是却非常喜欢布施，他生活俭朴，每天诵经持咒，参禅打坐。公私事务再忙，早晚定课也从不间断。在此期间，了凡先生写下四篇短文，当时命名为《戒子文》——用来训诫他儿子袁天启，就是后来广行于世的《了凡四训》。

在《了凡四训》里，了凡先生以毕生的学问与修养，融通儒、道、佛三家思想，用自己的亲身经历，结合大量真实生动的事例告诫世人，知命安命是消极的、无益的，自强不息、改变命运的“立命之学”则是积极的、有益的。

《了凡四训》的文章虽然篇幅短小，但是内涵深刻，问世之后即广为传诵。曾国藩对《了凡四训》极为推崇，读后改号涤生：“涤者，取涤其旧染之污也；生者，取明袁了凡之言‘从前种种，譬如昨日死；从后种种，譬如今日生也。’”他还将其列为子侄必读的人生智慧之书。

《了凡四训》广泛流传。为了便于大家的理解，我们在评注此书时，将其分为原文、译文、解读三部分，语言力求做到通俗易懂。

目　录

第一篇　立命之学

第二篇　改过之法

第三篇　积善之方

第一篇　立命之学

弃学从医

余童年丧父，老母命弃举业学医，谓可以养生，可以济人，且习一艺以成名，尔父夙心也。

【译文】

我很小的时候父亲就去世了，母亲让我放弃科举学习医术。她说学医不仅可以养活自己和家人，还可以救济别人，而且精通一门手艺并以此成名，也是父亲平素的心愿。

【解读】

每个人在小的时候都有梦想，了凡先生也是一样的，他的梦想是读书，参加科举考试考取功名，走上仕途。但是，现实是残酷的，了凡先生很小的时候，他的父亲就去世了。父亲的去世让了凡先生的生活发生了改变。

父亲去世之后，了凡先生和母亲相依为命，家境贫寒。因此，母亲命令了凡放弃参加科举的梦想，改行去学医。在母亲看来，了凡去学医有三个好处。

第一，养生。这里了凡先生的母亲所说的养生是指养家糊口。这一点很好理解，无论在什么时候，吃饭都是人们生活中的一件大事。了凡先生的父亲去世之后，他们家的生活陷入了困境。作为家里唯一的男人，了凡先生自然要担起赚钱养家的责任，而学医恰恰是一个能够赚钱的好方法。

第二，济人。济人，就是帮助别人。人的一生中，难免遇到伤病。一个人有了伤病，最需要的就是医生的帮助。悬壶济世就是这个道理，把别人的伤病治好，还病人一个健康的身体，这就是医生济世的途径。

第三，学医是了凡先生的父亲的夙心。了凡先生的父亲袁仁是一名医生，他自然希望自己的儿子能够子承父业，将自己的家学医术传扬下去。现在了凡先生的父亲去世了，作为儿子去完成父亲的遗愿，那是再好不过的。如果了凡先生能够成为名医，就可以救治更多的人，那么他自然会声名远扬。天下传，人人夸，自然光宗耀祖。

了凡先生听从母亲的安排，打算去学医。一方面是因为母亲说得很有道理，另一方面也体现了了凡先生的孝顺。在中国传统文化中，孝道分为三个方面：**养父母之身，养父母之心，养父母之志**。意思是，照顾父母的身体，顺从父母的心愿，完成父母的志向。了凡先生的母亲让他去学医，说这是他父亲的心愿，了凡先生答应并且去做，这便是做到了养父母之志。能够养父母之志，可称为大孝之人。百善孝为先，了凡先生的孝顺和善良，也为他后来的奇遇埋下了伏笔。

缘结贵人

后余在慈云寺，遇一老者，修髯（rán）伟貌，飘飘若仙，余敬礼之。

语余曰：“子仕路中人也，明年即进学，何不读书？”余

告以故，并叩老者姓氏里居。曰：“吾姓孔，云南人也。得邵子皇极数正传，数该传汝。”余引之归，告母。母曰：“善待之。”试其数，纤悉皆验。余遂启读书之念，谋之表兄沈称，言：“郁海谷先生，在沈友夫家开馆，我送汝寄学甚便。”余遂礼郁为师。

【译文】

有一次我去慈云寺，遇到了一位老人，这位老者满腮长须，身材雄伟，看起来飘然若仙，我很恭敬地向他行礼。

老人对我说：“你是官场中人，明年参加考试就能考中秀才，如今怎么不去读书呢？”我把自己不去读书的缘由告诉了老人，并且询问他的姓氏、籍贯和住所。老人说：“我姓孔，是云南人。早年有幸得到宋朝邵雍先生《皇极经世书》的真传，如今按照命数，我应该把《皇极经世书》传授给你。”我带这位老人回到家，并将此事告诉母亲。母亲说：“你要好好招待他。”我们试探孔先生的数术，即便是推算很小的事情，也很灵验。我听了孔先生的话，动了读书的念头，于是和表哥沈称商量，表哥说：“我的好朋友郁海谷先生在沈友夫家里开设了学馆，教授学生功课，我送你去他那里读书，非常方便。”于是我拜了郁海谷先生为师。

【解读】

了凡先生心里本就没有彻底放下参加科举的念头，现在听了孔老先生的话，自然也是非常惊喜。对于孔老先生说的要把《皇极经世书》传授给自己这件事，了凡先生并不敢擅自做主，他把孔老先生带回家去见母亲，询问母亲的意见。当然，也许了凡先生把孔老先生带回家并不仅仅是为了请教母亲能否学习《皇极经世书》，更深一层的原因是了凡先生被孔老先生所说的话打动了，他内心深处参加科举的梦想重被唤醒。了凡先生把孔老先生带回了家里，希望能够找个机会说服母亲。

了凡先生把慈云寺中的事情告诉母亲之后，母亲半信半疑。因为很多江湖术士都能够察言观色，猜测出一个人的心理，进而说出一些故弄玄虚的话。为了证实孔老先生预言的准确性，了凡先生和母亲验证孔老先生算得准不准。结果，大大小小的事情孔老先生全都算对了，没有一丝一毫的错谬。这就说明孔老先生之前对了凡先生说的话也是可信的，了凡先生的仕途确实能够一帆风顺，读书去参加科举才是他真正的命运。既然如此，了凡先生母亲也不再强迫他去学医了。想去参加科举考试，那么就必须先去上学，学习考试能用到的东西，于是了凡先生去找了他表哥商量自己上学的事情。

了凡先生的表哥准备让了凡先生到沈友夫家里的学馆读书。沈家的教书先生是了凡先生表哥的好朋友郁海谷先生，因此愿意接收了凡先生。就这样，了凡先生成功地走进了学堂，拜了郁海谷先生为师。

命运已定

孔为余起数：县考童生[1]，当十四名；府考七十一名，提学考第九名。明年赴考，三处名数皆合。复为卜终身休咎，言：某年考第几名，某年当补廪[2]，某年当贡[3]，贡后某年，当选四川一大尹，在任三年半，即宜告归。五十三岁八月十四日丑时，当终于正寝，惜无子。余备录而谨记之。

【译文】

孔先生为我推算命数，结果是：县考童生时，我会考第十四名；府考时为第七十一名，提学院试为第九名。第二年我去应考，这三次的成绩果然跟孔先生推算的一模一样。孔先生又给我占卜一生的命运和祸福，说了我某年考试的名次，补廪生的年份，成为贡生的年份，成为贡生后被选为四川一个县的县令的年份，以及任职三年半后辞职回乡。我会在五十三岁那年八月十四日丑时享尽天年寿终，只是我命中没有儿子。我把这些都记录了下来，并且铭记在心。

---

① 童生：明清时期，通过了县试、府试两场考核的学子被称作童生，成为童生后方有资格参加院试。

② 补廪：廪，lǐn。明清时期，生员经岁、科两试成绩优秀者，增生可依次升为廪生，谓之“补廪”。

③ 当贡：政府从府、州、县生员（秀才）中选拔成绩优秀者入京师国子监读书的学子。

【解读】

孔老先生预测了凡先生科举考试能取得什么名次，了凡先生也不是全信，他把孔老先生的预测当成追逐梦想的理由，或者说是说服母亲让他重新参加科举的理由。在他的心里，肯定还是认为科举能够取得什么样的名次得看自己的努力程度。

虽说不全信，但孔老先生的预测还是在了凡先生的心里留下了印象。第二年考试的成绩出来之后，了凡先生惊呆了。因为了凡先生考试的名次与孔老先生的预测是一模一样的。孔老先生的预言被一一证明之后，了凡先生越来越恐慌。假设一下，如果有一天一个算命先生预测了你未来的考试名次，当未来的某一天考试成绩出来的时候，你发现名次和预测的一模一样，这是多么令人震惊的一件事！遇到这种情况，很多人出于对未来的好奇，会去找那个算命先生，让他给自己算一算这一生的命，了凡先生也不例外，他发现孔老先生对他的考试名次预测十分准确的时候，决定去找孔老先生算一算自己的未来。

孔老先生没有拒绝，他为了凡先生推算了他以后的生死祸福，尤其是关于他未来仕途发展的前景说得很明白。甚至连哪一年被任命为县令、哪一年卸任归隐、死亡之期以及后代子嗣都推算出来了。由于之前孔先生的推算都应验了，因此了凡先生对此深信不疑，他十分恭敬地记录了下来。

怀疑命运

自此以后，凡遇考校，其名数先后，皆不出孔公所悬定者。独算余食廪米九十一石五斗当出贡，及食米七十一石，屠宗师即批准补贡，余窃疑之。

【译文】

从此以后，凡是遇到考试，我所考出的名次，都不出孔先生的算定。只有一件不同：孔先生推算我领廪生的俸米，需要领到九十一石五斗的时候才能成为贡生，但我领到七十一石米的时候，屠宗师便批准我补了贡生。我暗自开始怀疑孔先生所推算的命数有些不灵验了。

【解读】

了凡先生每做一件事情之后都会把结果与孔老先生的预测相对比，他发现，所有的事实都与孔老先生所预测的结果相同。慢慢地，在了凡先生的心里生出了一种宿命论的思想，这种思想让了凡先生陷入了困惑。

什么是宿命论呢？宿命论认为，人间发生的每一件事都是注定的，无论是生老病死、贫贱富贵，还是天灾人祸，一切都由上天预先安排，普通人无法依靠自身的力量将其改变。既然是这样的，一个人的努力也就没什么用了，了凡先生正是被这样的思想困扰：真的做什么都没有意义了吗？虽然了凡先生有了一种模糊的宿命论的思想，但它并不能代表了凡先生内心最真实的想法，听天由命也不是一个有远大志向的人应该有的态度。一个有远大志向的人是不会轻易信命的，了凡先生就是一个这样的人。

况且，儒家思想也认为一个人的命运并不是天生注定的，而是和后天的所作所为有着十分密切的关系。了凡先生是一个读书人，一个坚定的儒家思想信仰者，因此他不希望自己的命运在生下来的那天就注定。所以，了凡先生期待着某一天有一件事情和孔老先生所预测的不一样，以便让自己推翻宿命论。

不久之后，了凡先生所等待的事情终于发生了。了凡先生从廪生到贡生所需要领的廪米的数量跟孔老先生推断的不一样。按照孔老先生之前的推算，了凡先生应该是在领取廪米九十一石五斗的时候才能够成为贡生。但是，当了凡先生成为廪生、开始享受国家发给他的廪米的时候，出现了与孔老先生推测不一样的结果。

这件事情让了凡先生非常开心。一是贡生比廪生高出一个等级，也就是说从廪生成为贡生便有利于科举了，这种时候作为当事人当然是十分高兴的。二是这证明了一件事情，那就是孔老先生的推测不全正确，也间接地证明了人的命运不是天生注定的。这一点是了凡先生最关注的。了凡先生的这次小小的怀疑，便是他“命由我作”思想的萌芽。

澹然无求

后果为署印杨公所驳，直至丁卯年，殷秋溟宗师见余场中备卷，叹曰："五策，即五篇奏议也，岂可使博洽淹贯之儒，老于窗下乎！"遂依县申文准贡，连前食米计之，实九十一石五斗也。余因此益信进退有命，迟速有时，澹然无求矣。

【译文】

后来我补贡生的事情被代理提学的杨宗师驳回。直到丁卯年（1567），殷秋溟宗师才看见我在考场中的备选试卷，感叹道："这本卷子所作的五篇策，就如同上给皇帝的奏折一样，像这样博才多学的读书人，怎么能让他埋没到老呢！"于是他让县官依照行文向上级呈报，准许我补了贡生，加上之前所领的七十一石廪米，刚好是九十一石五斗。我因此更加相信一个人功名得来的迟速、仕途的进退都是命中注定的，所以也就清心寡欲，无所妄求了。

【解读】

孔老先生的推算出现了偏差，了凡先生还没高兴多久，就被打击了。屠宗师批准了凡先生补贡成为贡生之后，因为某些原因离开了，接替他的杨公不认可了凡先生的能力和水平，驳回了屠宗师关于了凡先生补贡成为贡生的批准。

了凡先生继续过着领取廪米的日子。降级对于了凡先生来说并不重要，重要的是，什么时候真的变成贡生不确定了。

不久，殷秋溟宗师在看过了凡先生以前的试卷之后，觉得了凡先生是一个有学问的读书人，这样的人不应该继续做廪生，应该成为贡生。于是，他批准了凡先生补贡成为贡生。这件事情并没有让了凡先生感到开心，反而让他在心里产生了一丝绝望。

从成为廪生开始领取廪米的时候算起，一直到正式成为贡生，了凡先生领取的廪米数量，恰好和孔老先生所推算的数量——九十一石五斗一模一样。了凡先生在精神上受到了严重的打击，因为从最开始他就期待孔老先生推算出的他的命运是错误的，可是事实一次又一次粉碎了他的想法。好不容易证明孔老先生的推算出现错误，可是到头来还是自己错了，孔老先生的推算又一次得到了验证。

了凡先生对于孔老先生的推算，再也没有任何怀疑的态度了。这样的结果使得了凡先生开始相信命运，相信从出生的那天起一切已经注定。了凡先生觉得此生一切荣华富贵已经注定，只能顺着命运的安排走下去，自己无力改变。整个人产生了一种无欲无求的感觉。

云谷禅师

贡入燕都，留京一年，终日静坐，不阅文字。己巳归，游南雍，未入监，先访云谷会禅师于栖霞山中，对坐一室，凡三昼夜不瞑目。

云谷问曰：“凡人所以不得作圣者，只为妄念相缠耳。汝坐三日，不见起一妄念，何也？”

余曰：“吾为孔先生算定，荣辱生死，皆有定数，即要妄想，亦无可妄想。”

云谷笑曰：“我待汝是豪杰，原来只是凡夫。”

【译文】

我成为贡生后，到北京的国子监读书，在京城一年，整天静坐，不阅读文籍。到了己巳年（1569），又到南京国子监游学，在还没入监读书前，我去栖霞山拜访云谷禅师。我与云谷禅师在一个房间里对坐，三天三夜都没有闭过眼睛。

云谷禅师问我：“凡人不能够成为圣人，是因为心中有太多的妄念缠绕。你静坐了三天，没有起一个妄念，这是什么原因呢？”

我回答：“我的命运已经被孔先生算定，荣辱生死，都有定数，即使想要胡思乱想，也没有什么可想的。”

云谷禅师笑道：“我以为你是一个才智勇力出众的人，原来你也只是一个凡夫俗子。”

【解读】

了凡先生成为贡生后，去北京的国子监读书。但是，由于了凡先生相信了孔老先生为他推算的命运，相信了自己的命运是上天早就注定的，因此他在京城这一年没有好好读书。了凡先生在北京待的一年，每天什么也不做，既没有翻看任何书籍，也没有游山玩水，更没有四处结交朋友。一切都安于平静，他终日在屋子里静坐。

静坐并不单单是坐着，静坐其实是一种修身养性的方法，并且是儒、释、道三家共同的修养方法，儒家有所谓的“主静”，有“半日读书，半日静坐”；道家有“心斋”“坐忘”；佛家讲究的是禅定，“戒、定、慧”是“三学”之一。中国现代作家郭沫若谈道：“静坐这项功夫，在宋、明诸儒是很注重的，论者多以为是从禅而来，但我觉得，当溯源于颜回。《庄子》上有颜回‘坐忘’之说，这怕是我国静坐的起源。”颜回的静坐外忘其形，内超其心，和大自然融为一体，表明静坐可以达到高超境界。

我们不知道了凡先生达到了什么样的思想境界，但是由于他已经相信了命运，无欲无求，也就对于自己的聪明、形象和知识都不在意了。这一点跟颜回所说的坐忘是一致的。也就是说，了凡先生这段时间虽然没有好好读书，没有做什么具体的事情，但是他内心空明，对于很多事看得更加通透，这也为了凡先生之后的思想变化提供了支持。

了凡先生在北京待了一年以后，到南京国子监游学。了凡先生对读书或者做官并不是很感兴趣，反而有了一种看破红尘的感觉。所以，在到达南京之后，他并没有急着进南京国子监读书，而是去山里拜访云谷禅师。

云谷禅师是当时的佛门高僧，法号法会，云谷是他的号。云谷禅师不是生下来就是得道高僧，他也一度执着于道济禅师的教化之语，日夜参究，废寝忘食。一天吃饭，他连自己吃完了也不知道，不小心将碗掉在了地上，当即顿悟，放下一切执着，回归本心。后来云谷禅师成为佛门高僧，隐居在栖霞山，做一些煮饭挑水的工作，来磨炼自己。

了凡先生在见到云谷禅师之后没有请教任何问题，只是和云谷禅师相对而坐，像得道高僧一样不眠不休地静坐了三个日夜。为什么会发生这样的事情呢？因为了凡先生认为现在他已经对自己的命运了如指掌了，心里非常空明，安下心来静坐三天三夜也是可以理解的。

云谷禅师认为凡夫不能成为圣人，是因为心里不切实际的想法太多了，正如《华严经》上所说：“**一切众生，皆具如来智慧德相，只因妄想执着，不能证得。**”

听了了凡先生的回答之后，云谷禅师很失望。他本来以为了凡先生有这样的表现是因为他是一个有智慧的人，或者说是一个和佛教有渊源的人，却没想到了凡先生什么都不想是因为他认为想什么都没有意义。因此他对了凡先生说：“我待汝是豪杰，原来只是凡夫。”

命由己作

问其故？曰：“人未能无心，终为阴阳所缚，安得无数？但惟凡人有数；极善之人，数固拘他不定；极恶之人，数亦拘他不定。汝二十年来，被他算定，不曾转动一毫，岂非是凡夫？”

余问曰：“然则数可逃乎？”

曰：“命由我作，福自己求。诗书所称，的为明训。我教典中说：求富贵得富贵，求男女得男女，求长寿得长寿。夫妄

语乃释迦大戒，诸佛菩萨，岂诳语欺人？”

【译文】

我问他原因，云谷禅师说：“人不可能没有妄想心，既然有妄想心在，终究还是会被阴阳气数束缚，怎么能说没有命运呢？但是只有凡夫俗子才有一定的命运；极善的人，命运自然束缚不住他；极恶的人，命运也拘束不住他。你二十年来的命运，都被孔老先生算定，自己不去改变一丝一毫，反而让命运把你拘束住，难道不是凡夫俗子吗？”

我问他：“这样说来，人可以摆脱命数的束缚吗？”

云谷禅师说：“命运由自己创造，福气靠自己追求。诗书中所写的，的确是明白的训诫。佛经里说，一个人求富贵就得富贵，求儿女就得儿女，求长寿就得长寿。说谎是佛家的大戒，佛祖与菩萨又怎么会说谎骗人呢？”

【解读】

云谷禅师认为人的命运有定数，但也存在变数。极善的人，命运束缚不住他。因为一个极善的人，自身的福德和功德会随着他所做善行的增多而增加，而当自身的功德增长到了一定程度之后，就会得到上天赐给的福报，这样的话已经算是改变了天定的命运。极恶的人，命运也拘束不住他。因为极恶的人，随着自身恶行的逐渐增加，自身的功德会慢慢减少，或者说是自身罪业逐渐增加，所谓恶有恶报，当一个人的自身罪业增加到一定程度，就会遭到上天降下的祸患，这也是超脱了命运的范畴。因此才说极善的人和极恶的人的命运都是存在着变数的。其实从这里也可以看出凡夫俗子的命运为什么是定数了。凡夫俗子只会纠缠于自身的妄想心，或者深陷于自身所谓的命运之中，不去做别的事情，也不去想着改变，因此才会被命运束缚，所以说凡夫俗子的命运是注定的，是定数。

《孟子·尽心上》说："行之而不著焉，习矣而不察焉，终身由之而不知其道者，众也。"这句话的意思是，做了仁义的事，却不明白为什么要做，习以为常却不知道所以然，按着道去做，却不想想什么是道，这种人有很多。了凡先生没有遇到云谷禅师之前，就是这样的人。他虽然从孔老先生那里知道了自己命运的大致走向，却不知道为什么会这样，索性什么都不去争取努力了，顺其自然地按照命运走下去。云谷禅师的出现，让了凡先生的命运出现了转折点。

云谷禅师整段话看似没有直接回答了凡先生提出的问题，但是仔细品味就会发现，云谷禅师给出的答案是肯定的，那个所谓的上天注定的命运是可以改变的，想要改变命运需要自己的努力。

道理很简单，一个人想改变自身的境况，不是靠向佛祖诉说和祈求就可以的，而是需要自身去努力，达到改变这种状况的条件。只要做到这一点，那么一个人想要改变的东西自然而然就可以改变。

云谷禅师的这段话就是要告诉了凡先生，人的命运虽然被天注定了，但是也不是一成不变的，它可以朝着人自身期待的方向前进。但是前提是人自己要努力，不要想着依靠别人，也不要等待别人的施舍，只有自己去努力、去改变，命运才能走上符合自己所想的道路。

从心而觅

余进曰：“孟子言：求则得之。是求在我者也。道德仁义可以力求；功名富贵，如何求得？”

云谷曰：“孟子之言不错，汝自错解耳。汝不见六祖说：一切福田，不离方寸；从心而觅，感无不通。求在我，不独得道德仁义，亦得功名富贵；内外双得，是求有益于得也。若不反躬内省，而徒向外驰求，则求之有道，而得之有命矣，内外双失，故无益。”

【译文】

我进一步说：“孟子说，心里有所求就能够得到。这种追求取决于自已。道德仁义可以尽力去追求。至于功名富贵，我要怎样才可以求到呢？”

云谷禅师说：“孟子的话没有错，你自己理解错了。你没听过六祖慧能说，一切福田，全在自己的内心，只要从心里去求，就没有感应不到的。从自己心里去求，不只是道德仁义可以求得，身外的功名富贵也可以求到；这种内外双得，是有益于获得的探求。如果不能反省自己，而是盲目地追求身外的名利富贵，那就只能像孟子所说的‘求之有道，得之有命’了。最终内外双失，因此这样求取是无益的。”

【解读】

《孟子·尽心上》说："求则得之，舍则失之，是求有益于得也，求在我者也。求之有道，得之有命，是求无益于得也，求在外者也。"这句话的意思是说，想要得到就能得到，想要放弃便会失去，这种追求有益于得到，因为所求在自身。追求有一定的方法，能否得到却决定于天命，这种追求无益于得到，因为所求的东西是身外之物。

了凡先生认为，孟子这段话是说假使一个人所追求的对象，在于他的内心，积极去追求便可以获得，但如果"求在外者"，虽然有一定的方式，积极探求，但能否获得就在于命运了。

也就是说，了凡先生还是坚持认为他的命运是天生就注定的，甚至连孟子的话都被他拿来作为理论根据。他认为，命中注定有的东西，那就一定会得到；命中注定没有的东西，无论如何也是不会有的，因此也不用去强求。云谷禅师认为，孟子的原话是正确的，但是了凡先生在理解的时候出现了偏差，他没有明白这段话所包含的真正道理。孟子真正的意思是说仁义道德，是内心追求的，可以获得，功名富贵虽然是外在的东西，但是它的本质未尝不是内心所追求的，所以应该也是可以获得的。

云谷禅师这么解释孟子的话，根据的是六祖慧能说过的一句话，"一切福田，不离方寸；从心而觅，感无不通"。遵循自己的内心，不仅可以获得内在修养，也能够体现自己的外在价值。

这段话中还有一个很重要的观点，就是无论是内在的精神需求还是外在的物质追求，全部都需要向内心求取。反过来说，只要用真心去追求，不论是内在的精神追求还是外在的功名富贵，都是能够得到的。

自我反思

因问:“孔公算汝终身若何? ”余以实告。

云谷曰:“汝自揣应得科第否? 应生子否? ”

余追省良久，曰:“不应也。科第中人，有福相，余福薄，又不能积功累行，以基厚福；兼不耐烦剧，不能容人；时或以才智盖人，直心直行，轻言妄谈。凡此皆薄福之相也，岂宜科第哉。”

【译文】

云谷禅师问我:“孔先生推算你一生的命运是怎样的呢? ”我如实地把孔先生为我推算的命运告诉了他。

云谷禅师说:“你自己认真忖度思量一下，你是否应该考得功名? 应该有儿子吗? ”

我反思了很久，说:“这些都是我不应该得到的。应该得到这些的人，大多有福相，我的福气薄弱，也没有长期行善，积累深厚的功德；我没有足够的耐心，去承担琐碎繁重的事情，不能容忍别人做得不对的地方；有时候我自以为是，认为自己的才智胜过别人，心里想到什么就做什么，直言不讳，言语轻狂从不收敛。凡此种种都是薄福的相，怎么适合考取功名呢！”

【解读】

自从孔老先生的推算被一一验证之后，了凡先生就没有反思过孔老先生为他算定的命运有没有不妥之处，也从未想过自己的人生有没有缺憾，自己能不能活得更圆满。他被孔老先生的预言牢牢束缚住，认为人生就只能如孔老先生所说的那样走下去。

“汝自揣应得科第否？应生子否？”云谷禅师提出的这个问题不是非要了凡先生给出明确的答案，他只不过是想提醒了凡先生要多想想，引导了凡先生反观自己的命运。

人只有经常反思自己的思想和行为，才能发现自己的不足之处，不断提高自己；只有去怀疑，才能具备改变命运的想法。当局者迷，旁观者清，一般来说，当深深地陷入某些事情当中不能自拔的时候，一个人是看不清自己的。了凡先生认为自己不应该考中科举，是因为他认为自己没有福相。了凡先生认为他自己没有福相具体表现在哪些方面呢？第一是性情急躁；第二是没有一颗宽容的心；第三是性格刚烈，有时候会强词夺理，不能够以理服人，性情太过于耿直；第四是不注重细节，言谈举止不谨慎。了凡先生性情急躁，说话做事经常没有耐心，自然没有容人之心。并且，他言语过于耿直，往往不能令人心悦诚服地接受，说话没有威信，所以无法领导别人，没有当父母官的风范。

客观来讲，了凡先生对自己看得还是非常透彻的。经过认真的思考和深刻的自我剖析，他清楚地看到了自己的缺点与不足。做到这一点是很不容易的。我们还可以看出了凡先生是一个很坦诚的人，他对于自己的缺点毫不逃避、隐瞒，开诚布公地说给云谷禅师听。

无子缘由

“地之秽者多生物，水之清者常无鱼。余好洁，宜无子者一；和气能育万物，余善怒，宜无子者二；爱为生生之本，忍为不育之根；余矜惜名节，常不能舍己救人，宜无子者三；多言耗气，宜无子者四；喜饮铄精，宜无子者五；好彻夜长坐，而不知葆元毓（yù）神，宜无子者六。其余过恶尚多，不能悉数。”

【译文】

“污秽的土地上往往能衍生出很多生命，水太清澈常常不会有鱼。我非常喜欢洁净，这是我没有儿子的第一个原因。和气才能孕育万物，我非常容易生气，这是我没有儿子的第二个原因。仁爱是生命的根本，残忍是不能生养的根源。我只知道爱惜自己的名节，不肯牺牲自己去成全别人，这是我没有儿子的第三个原因。言论太多容易伤气，这是我没有儿子的第四个原因。我喜欢喝酒，过度消耗精神，这是我没有儿子的第五个原因。我喜欢整夜不眠长坐，没有保养元气、安定心神，这是我没有儿子的第六个原因。其他的过失和恶行还有很多，不能一一列举细说。”

【解读】

云谷禅师让了凡先生反思的第二个问题是了凡先生这辈子到底应不应该有儿子。了凡先生回答说他这辈子不应该有儿子。对于这个回答，了凡先生给出了自己的原因。

了凡先生过分地喜欢清洁，这是他不应该有儿子的第一个原因。其实这一点很好理解，大地脏乱驳杂，能够给植物的生长提供养分，正是因为这样才能生长出植物，生长出五谷杂粮。如果大地是干干净净的，那么万物生长所需要的养分等东西从哪里来呢?

了凡先生不和气，并且还容易生气，这是他不应该有儿子的第二个原因。自古以来，和气是一个家庭兴旺的根本。所谓家和万事兴，说的就是这个道理。一个家庭的和睦需要家庭中的所有成员去共同努力。但是了凡先生却不是一个和气的人，他是一个暴躁易怒的人，有一点不顺心就要发怒。和谐的自然环境才能容得下万物的生长，了凡先生这样的脾气根本容不下别人，所以他不宜有子。

了凡先生只知道爱惜自己的名节，不肯牺牲自己去成全别人，这是他不应该有儿子的第三个原因。仁爱是万物生长的根本，比如天地为万物生长提供阳光雨露；残忍刻薄会导致万物不能生根，比如天地若不为万物提供阳光雨露的话，万物是不可能生长的。

说话太多伤气，而伤气就会导致身体不好，这是他不应该有儿子的第四个原因。“多言耗气”是一种养生理论，是由孙思邈提出来的。了凡先生爱说话，喜欢评论是非，这对于内气的养护是不适宜的，内气的养护不足，外在的身体就不好。

了凡先生喜欢喝酒，这是他不应该有儿子的第五个原因。了凡先生不仅喜欢喝酒，还喜欢过量地喝酒，这样酒精就伤害了他身体的元气，元气的损伤必然会造成身体上的伤害。

了凡先生经常彻夜不眠，不懂得保护自己的精气神，这是他不应该有儿子的第六个原因。了凡先生喜欢彻夜长坐，身体和大脑得不到正常的调整和休息，日积月累，必然导致身体健康状况不佳。

从以上原因看来，了凡先生很诚实，对自身的认识也十分全面，具备佛家所说的慧根。佛门讲忏除业障，只有真心忏悔，才可以把自身的业障除去。**能够发现自己身上存在的种种缺点，这叫"开悟"。开悟以后能把所有的缺点改正过来，这叫"修行"。**倘若连自己的不足都不知道，那该从哪里修行呢？所以，修行最关键的是要知道自己的错误行为。

经过云谷禅师的提点，了凡先生很清楚地总结了自身的不足之处。他诚心忏悔，把自己的毛病都坦诚地说出来，毫无隐瞒。这是了凡先生掌握命运、改变命运的一小步，也是后来他能够改变命运的根本原因。

昨死今生

云谷曰："岂惟科第哉。世间享千金之产者，定是千金人物；享百金之产者，定是百金人物；应饿死者，定是饿死人物；天不过因材而笃，几曾加纤毫意思。即如生子，有百世之德者，定有百世子孙保之；有十世之德者，定有十世子孙保

之；有三世二世之德者，定有三世二世子孙保之；其斩焉无后者，德至薄也。汝今既知非，将向来不发科第，及不生子之相，尽情改刷；务要积德，务要包荒，务要和爱，务要惜精神。从前种种，譬如昨日死；从后种种，譬如今日生：此义理再生之身。”

【译文】

云谷禅师说：“岂止是考取功名需要福报。世上能够拥有千金产业的人，一定是享有千金福报的人；能够拥有百金产业的人，一定是享有百金福报的人；应该饿死的人，一定是应该受饿死报应的人；上天不过让每个人得到他们应该得到的，并没有加进任何别的意思。就像生儿子，如果一个人积了一百代的功德，就一定有一百代的子孙来保住他的福；积了十代的功德，就一定有十代的子孙来保住他的福；积了三代或者两代的功德，就一定有三代或者两代的子孙来保住他的福；至于那些没有子孙后代延续的人，那是他功德极薄的缘故。你如今既然知道自己的过错，就应该把你以前不能得到功名和没有儿子的各种福薄之相全部改变过来；一定要积累德行，一定要包容，一定要和善友爱，一定要爱惜精神。从前的一切，就像昨天一样已经过去；此后的一切，就像今天一样刚刚开始：这就是超越命数的义理再生的新身体。

【解读】

怎样才能让自己配得上富贵，让自己有一个好命呢？云谷禅师认为，主要是靠自己修行。“天不过因材而笃，几曾加纤毫意思”的意思是说，上天不过就是让每个人得到他们应该得到的。说到底，上天要是真的赏赐给一个人什么东西的话，那么这个人必须有得到这件东西的条件。也就是说，想要得到一个满意的结果，自身就必须达到一定的条件，让上天有理由、有原因把这个东西赐给你。这其实就是佛家所宣扬的因果之说，而因果联系正是万物发展的规律。

怎样才能让自己达到富贵的条件呢？行善积德。比如生子这件事情，子孙绵延不绝，个个都是孝子贤孙，这必然是祖先有大功德的原因。

云谷禅师所说的改变命运，就是行善积德，让自己变得更好。一个人能不能考中科举、会不会有子孙、有什么样的命运或者是福祸，全都是由自身的功德决定的。而一个人到底有没有功德或者有多少功德都是由这个人自己的所作所为来决定的。所以说，人的命运终究是自己来决定的。了凡先生非常清楚自己错在哪里，为什么会有那样的命运。要积极修行，完善自己，进而改变命运。具体怎么做呢？云谷禅师给了凡先生提出了几条改变他命运的做法。

第一点，积德。人的本性之中就具有圆满的德行，人只需要恢复自己的本性，圆满的道德自然就显露出来了。

第二点，包荒。包荒其实就是包容，这是人积福必具的品性。人生在世，只有容得下别人的过错，才能见得到别人的美好，才能提升自己。海纳百川，有容乃大，如果没有一颗包容之心，大海何以成其广大无涯？因此，**有一颗包容的心是一个人修身的要点。**

第三点，和爱。和爱，也就是和善友爱。一个和善友爱的人，一定是心地善良的人；一个心地善良的人一定会经常行善积德。想改变命运是需要很大的功德的，了凡先生讲到了自己不够和爱，容易暴躁，因此他需要改掉毛病，变得和爱。

第四点，惜精神。精神就是指一个人的精、气、神，惜精神也就是保重身体。

了凡先生想要改变自己的命运，必须做到以上几个方面。其实，现代人也是一样的，要想自己的人生更加美满幸福，也要努力做到以上几个方面。云谷禅师告诉了凡先生一个做人的道理：**做人不能老是沉浸在过去的事情当中无法自拔，而是要放眼未来**，以前的事情，都和昨天一样一同成为过去，每一天都是一个新的开始。云谷禅师对了凡先生说这句话是劝慰，也是告诫。

自求多福

“夫血肉之身，尚然有数；义理之身，岂不能格天。《太甲》曰：‘天作孽，犹可违；自作孽，不可活。’诗云：‘永言配命，自求多福。’

“孔先生算汝不登科第，不生子者，此天作之孽，犹可得而违；汝今扩充德性，力行善事，多积阴德，此自己所作之福也，安得而不受享乎？《易》为君子谋，趋吉避凶；若言天命有常，吉何可趋，凶何可避？开章第一义，便说：‘积善之家，必有余庆。’汝信得及否？”

余信其言，拜而受教。因将往日之罪，佛前尽情发露，

为疏一通，先求登科；誓行善事三千条，以报天地祖宗之德。

【译文】

“人的血肉之躯，尚且有定数；义理再生的身体，难道不能感通上天？《尚书·太甲》说：‘上天造成的灾难还可以逃避，自己造的罪孽则无处可逃。’《诗经》上说：‘人应该常常想着自己的所作所为是不是合乎天道，以求取更多的福报。’

“孔先生推算你考不中功名，没有儿子，这是上天制定的命数，还可以改变；你如今只要提升德性，平日里多做好事，为以后多积累些阴德，就是你自己所造的福报，怎么可能享受不到呢？《易经》是为君子谋划，帮助他们追求吉利之事，避开灾祸；如果说命运是固定不变的，那么吉祥又从哪里去寻找，凶险又怎么去躲避呢？《易经》的开篇便说：‘积善积德的家族，一定会有更多福报。’你相信吗？”

我对云谷禅师的教诲深表信服，向他拜谢并接受教诲。我在佛前把自己过去所有的罪恶，全部说出来忏悔。我在所写祝告文中，先求考取功名，接着发誓做三千件善事，用以报答天地祖宗的恩德。

【解读】

血肉之身，就是指我们每个人都拥有的身体，这个是客观存在的，是看得见、摸得着的。

当然了，这里所说的血肉之身不单单是指客观存在的身体，还包括一个人所拥有的财富、地位、一生中所要经历的福祸等。财富、地位、福祸等东西都是先天决定的，不是随随便便就能拥有的。

一个人这一生的财富、福祸等东西是由这个人上辈子做的事情的好坏和这个人上辈子是善是恶、功德多少决定的。比如一个人前世积功累德，也就是善业多，那他的血肉之身就会非常优秀，有好的相貌，会健康长寿，大富大贵，吉祥如意等。一个人今生万事如意，前程锦绣，那是先天的善业所致。相反，如果先天罪业累累，那这个血肉之身今生就要遭受贫穷、疾病、百事不顺等，这是由先天的罪业所决定的。由于上辈子的因在上辈子就已经注定了，所以说一个人这辈子的福祸、财富等东西在出生的时候就注定了。所以说，我们现在这个血肉之身，是天生就注定的。

义理之身，就是符合义理道德的身体，它是一个虚幻的存在，是看不见、摸不着的，但是禅宗认为，义理之身才是人们的真身，才是一个人的本来面目。

血肉之身是天生就有的，而义理之身却需要人不断地修养自己的德行，按照圣贤的教诲不断地修炼才能够见到。也就是说，义理之身需要人们自身去创造。

云谷禅师在这里所说的“义理之身，岂不能格天”的意思是说，义理之身要与上天保持一致，要符合天道的规律。义理之身决定着一个人真正的命运，而义理之身究竟是什么样子的是由一个人自己决定的。义理之身符不符合天道的规律要看一个人的所作所为符不符合天道的规律，比如行善积德就符合天道的规律，经常作恶就不符合天道的规律，所以说**一个人的命运是什么样子，是由自己决定的**。

云谷禅师针对了凡先生的实际情况对他进行了指点，也就是告诉他想要改变他的命运，到底应该怎么做。

第一，提升德性。提升道德本性，也就是使真诚之心增加。

第二，多做善事，多积阴德。

云谷禅师的意思是，只要了凡先生能够有善心，多行善积德，那么他就能够为自己创造出很多的福报。这些福报都是掌握在他自己手中的，最终也将给他带来命运的转变。也就是说，了凡先生可以通过自身的努力和改变，去改变孔老先生所推算的那个命运，获得一个更好的命运，或许能够考上功名、生个儿子。

《易经》中所说的趋吉避凶其实是教导人们命运是可以改变的，或者说是教导人们改变命运的方法。想要趋吉避凶，一定要懂得正确的方法。其实这个方法很简单，那就是无论做什么事情都要符合天道。不管多么富贵、多么有地位，如果不懂得天道的话，就永远不会知道趋吉避凶的方法。

云谷禅师的话对了凡先生产生了巨大的影响，了凡先生听到了云谷禅师的改命理论，如同醍醐灌顶一般，他相信了云谷禅师，决定做几件事情。

第一件事情是忏悔，在佛前忏悔。了凡先生为什么要进行忏悔呢？一方面是表达自己真诚悔改、改正错误的态度；另一方面是因为佛教认为隐瞒自己的罪业，就会累积成罪行，最后得到恶报，如果将自己的罪行说出来，受到别人的指责和责难，就能够消除罪业。所以了凡先生忏悔是为了消除罪业。

第二件事情是立志，或者说是祈求，那就是考取功名。

第三件事情是发誓，以后做三千件善事。三千件善事，这里是一个泛指，是说做善事要做到一定的程度，正如《太上感应篇》中所说的，能够做到三千件善事，就能够做地仙了，由此可以看出，三千件并不是为了说明具体的数量的。

功过记录

云谷出功过格[①]示余，令所行之事，逐日登记；善则记数，恶则退除，且教持准提咒，以期必验。

语余曰："符箓家有云：'不会书符，被鬼神笑。'此有秘传，只是不动念也。执笔书符，先把万缘放下，一尘不起。从此念头不动处，下一点，谓之混沌开基。由此而一笔挥成，更无思虑，此符便灵。"

【译文】

云谷禅师拿出功过格给我看，让我把自己每天所做的事情，都登记在功过格上；如果做了善事就增加数字，倘若做了恶事，便要减去数字，而且教我念准提咒，以期必验。

云谷禅师对我说："画符箓的一派有种说法，'一个人如果不会画符，就会被鬼神耻笑'。有一种神秘的画符方法，就是不动念头。拿笔画符的时候，要把所有念头都放下，心里一丝杂念都不能有。不起杂念，用笔在纸上点一点，这一点就叫混沌开基，从这一点开始一直到画完整个符，这个过程中如果没有复杂的思绪，这道符就会灵验。"

① 功过格：人们逐日记录行为善恶以查考功过的薄册。

【解读】

每天反省自己，然后把善事记在功格上，用正数来表示；把恶事记在过格上，用负数来表示，这样就知道自己一天的功与过了。千万不能小看了功过格，它对勉励人改过从善具有莫大之功。长期坚持下去，必然就会像《弟子规》中所说的一样，“德日进，过日少”，渐而变成纯善无恶，达到儒家所说的至善的境界，这是不可思议的功德。

了凡先生发誓说要做足三千件善事，所以云谷禅师向他展示功过格，其实就是要了凡先生按照功过格的方法去修行，同时也是不让了凡先生忘记自己的誓言，把每天做的事情无论是善还是恶都记录下来。同时，云谷禅师也希望了凡先生能根据自己在功过格中所记录的东西，每天都去自我反省，明白自己的对错，明白天道的规律，这样才能够真正地做到改变命运。

为了帮助了凡先生实现他改变命运的想法，云谷禅师还教给了凡先生另一个法宝——准提咒。准提咒是佛教的一个咒语，诵读它可以恢复清净的心境，达到心无妄念的境界。了凡先生想要改变命运，首先就要做到内心清净，没有妄念，所以多诵念准提咒有好处。

符箓术是道家的学问，但是云谷禅师在这里并不是要讲或宣扬道家的学说，而是想借用道家的学说来说明做人不应该在心里动妄念这个道理，也就是说人们在做任何事情的时候都不要去胡思乱想。符箓是用来祈求保佑和祛病消灾的，所以在画符箓的时候一定要内心清净、毫无杂念，这样的符箓才能真正管用。符箓画不好，就不灵验，会受到鬼神的笑话。鬼神笑话的是画符箓的人没有足够的道德修养，笑话的是画符箓的人心中有太多的杂念却还在祈求鬼神的帮助。所以说，画符箓的时候最重要的是心无杂念，只有这样才能画出管用、不被鬼神笑话的符箓。

心无妄念

凡祈天立命，都要从无思无虑处感格。孟子论立命之学，而曰:“夭寿不贰。”夫夭寿，至贰者也。当其不动念时，孰为夭，孰为寿？细分之，丰歉不贰，然后可立贫富之命；穷通不贰，然后可立贵贱之命；夭寿不贰，然后可立生死之命。人生世间，惟死生为重，曰夭寿，则一切顺逆皆该之矣。

至修身以俟（sì）之，乃积德祈天之事。曰“修”，则身有过恶，皆当治而去之；曰“俟”，则一毫觊觎，一毫将迎，皆当斩绝之矣。到此地位，直造先天之境，即此便是实学。

汝未能无心，但能持《准提咒》，无记无数，不令间断，持得纯熟，于持中不持，于不持中持。到得念头不动，则灵验矣。

【译文】

凡是祈求上天，发愿修身养性以奉天命的，都要从内心无思无虑处下手，方能感通天意。孟子谈到立命之学时，说：“短命和长寿其实没有什么不同。”但短命和长命，在一般人看来，就是两个完全相反的意思，怎么会是一样的呢？当你没有任何妄念的时候，什么是短命？什么又是长寿呢？仔细地分开来讲，丰盈和贫乏也没有什么不同，然后便可以立贫富的命；能把穷困和显达也看作没有什么不同，就可以立贵贱的命；要把短命和长寿看得没有什么不同，然后才能立生死的命。人活在这个世界上，只有生死是最重要的，这里谈到的短命与长寿，是把一个人的顺境和逆境都包括了。

修身养性来等待命运的转变，这是积累德行并祈祷上天的事。说到“修”，如果自己的身、语、意三业有罪恶，都应该用正确的方法改正；讲到“等”，如果有一丝一毫的非分之想，都要完全地把它斩掉断绝。如果做到了这种地步，便是达到了不动妄念的境界，这才是真正的学问。

你不能做到不动心的地步，但如果能够念诵《准提咒》，不要去记或数自己念的遍数，也不要间断，念到非常熟练的时候，口在念，自己却不觉得在念，没有念的时候，心里不自觉地在念。等念咒念到心里没有什么杂念的程度，那么你所念的咒，就会灵验了。

【解读】

云谷禅师提到了一个观点，“短命和长寿其实是一样的”。这个说法看上去难以理解，短命和长寿怎么可能是一样的呢？

这句话并不是云谷禅师第一个说的，第一个说这样的话的人是孟子。这句话出自《孟子·尽心上》，原话是“夭寿不贰，修身以俟之，所以立命也”，其中“夭寿不贰”的意思就是说短命和长寿没有什么区别。

在孟子看来，人应该保持本心，培养本性，不产生任何妄念，这样就会发现什么事情都没有什么区别，这样才是正确对待天命。既然没有了妄念，什么事情都没有差别，那么短命和长寿当然就是一样的了。孟子的立命之学中最重要的一点就是没有妄念。人一旦产生了妄念，各种各样的事情在内心中产生了差异，那么就不能顺应天命，也就谈不上立命了。

不只是儒家有这样的思想，道家学说中也有这样的思想。庄子《齐物论》中有“天下莫大于秋毫之末，而太山为小；莫寿于殇子，而彭祖为夭”的句子，意思是说，天地间最大的是秋天鸟兽的细毛，而泰山是最小的；小孩子生下来就死亡是寿命最长的，而活了八百岁的彭祖就是一个短命鬼。总结一下就是什么东西都没有标准，既然没有标准，那么什么东西就都是一样的，就像长寿和短命其实没什么区别。

佛家追求的是圆满的境界，追求的是积累功德消除罪业，只要人的所有罪业都能够得到消除，那么每个人都能够达到圆满的境界。**不管是什么样的学说，最终所追求的结果都是一样的，那就是恢复人的本性，让人恢复心无妄念的状态。**

让人恢复到本性和没有妄念的状态有什么好处吗？当然有好处，如果人没有妄念，那么贫穷和富贵就是一样的，高贵和贫贱也是一样的。孔子的弟子颜回安贫乐道，这一点使得孔子十分高兴。所以子曰：“贤哉，回也！一箪食，一瓢饮，在陋巷，人不堪其忧，回也不改其乐。贤哉，回也！”这就是说，无论多么贫穷，颜回都能自得其乐，没有怨天尤人，十分快乐地生活着，这就是因为他恢复了本性、心中没有妄念。

悟道改名

余初号“学海”，是日改号“了凡”；盖悟立命之说，而不欲落凡夫窠臼也。从此而后，终日兢兢，便觉与前不同。前日只是悠悠放任，到此自有战兢惕厉景象，在暗室屋漏中，常恐得罪天地鬼神；遇人憎我毁我，自能恬然容受。

【译文】

我起初号“学海”，在这一天便改为“了凡”；因为我明白了立命的道理，不想与凡夫一样思想陈旧。从此以后，整天小心谨慎，觉得和从前的行为方式大不相同。以前是无拘无束地放任自己，现在心里会自觉地小心谨慎，谨慎恭敬地拜佛，即便是在昏暗的屋子或是没有人的地方，也常常担心自己对天地鬼神不恭敬；遇到别人厌恶我、诋毁我，也能够安然地接受。

【解读】

了凡先生听了云谷禅师那么多道理和观点之后，相信了他的立命之学，把自己的号从“学海”改成了“了凡”。了凡这个号是什么意思呢？了凡，大概的意思就是了却凡尘，和世俗名利有一个彻底的了断，就是说不再从心里对世间的功名利禄等产生任何妄念。

了凡先生接受云谷禅师的教育之后，明白了立命的道理，明白了改变命运的道理，也坚定了改变自己命运的信念。因此，他不愿意再和凡夫俗子同流合污，也不愿意再用凡夫俗子的眼光去看待这个世界，他想要真正地脱离凡夫俗子的范畴，所以他才下定决心，把自己的号改成了凡。正所谓“师父领进门，修行在个人”，关于道理上的问题云谷禅师可以去给了凡先生解答，但是命运的改变必须要靠了凡先生自己的努力，别人是不能代替的。

从此之后，了凡先生谨慎恭敬地拜佛，在无人之处常常恐惧得罪天地鬼神；遭到他人厌恶、诋毁，自己也能安然接受。

初见成效

到明年，礼部考科举，孔先生算该第三，忽考第一，其言不验，而秋闱中式矣。然行义未纯，检身多误：或见善而行之不勇，或救人而心常自疑；或身勉为善，而口有过言；或醒时操持，而醉后放逸。以过折功，日常虚度。

【译文】

到第二年，我参加礼部举行的考试，依照孔先生推算，我应该考第三名，结果却考了第一名，他的预言不灵验了，在秋天的乡试中，我考中了举人。然而我做好事的目的并不单纯，自己反省后有很多失误：有时候对于该做的好事，行为不够勇敢，有时候救济别人，心里仍然有疑虑；有时候做善事，但嘴里却说了不该说的话；清醒的时候还能保持操守，但喝醉了酒后却又放纵自己。用自己的过失来折算自己的功劳，功过相抵，日子算是虚度了。

【解读】

了凡先生接受了云谷禅师的教导，决定努力改变自己的命运。但是，究竟能不能改变，他心里也不确定。毕竟，云谷禅师的立命之学需要经过实践的检验才能知道是不是正确。因此，无论是云谷禅师还是了凡先生，等待的都是一个检验立命之学的机会。

一年之后，检验的机会来了。按照孔老先生当初的推算，这次考试了凡先生应该是第三名，而且根据孔老先生的推算，了凡先生这辈子都考不中举人。但是结果出来以后，了凡先生大吃一惊，因为他的命运改变了。孔老先生推算的第三名变成了第一名，不应该中举人的了凡先生在乡试中考中了举人。

这件事让了凡先生十分开心。有了这次的结果做参照，了凡先生彻底相信云谷禅师的观点了，原来人的命运是由自己决定的，人的命运真的存在着变数，而变数就是自己的努力。

了凡先生的命运出现转机，一方面是因为云谷禅师的帮助，另一方面也是由于他自己的努力。因为理论终究只是理论，什么事情都是要经过实践之后才能明白它是不是正确的。了凡先生如果只是猜疑犹豫，不去修行、去实践、去行善积德，最终就不会迎来新的命运。云谷禅师告诉了凡先生做人要经常进行自我反省，这样对一个人做事情或者懂得什么道理都有很大的帮助。不管怎么样，这个建议，看来了凡先生是认真地听进去了。

了凡先生经过自我反省，把自己的功和过拿出来对比，用自己的过错把功德抵消之后，发现没有多少功德了。其实这个时候了凡先生已经发现了自己的不足，那就是在改变命运的过程中不够努力，修行和改过都还不够，想真正地改变命运必须加倍努力。

了凡生子

自己巳岁发愿，直至己卯岁，历十余年，而三千善行始完。时方从李渐庵入关，未及回向。庚辰南还，始请性空、慧空诸上人，就东塔禅堂回向。遂起求子愿，亦许行三千善事。辛巳，生男天启。

【译文】

自从己巳年立下志愿，一直到己卯年（1579），经过十多年，才把三千件善事做完。那时我正跟随李渐庵入关，没来得及回转自己所修之功德而趣向于所期。庚辰年（1580）返回南方后，才请了性空、慧空等上人，到东塔禅堂回向。于是我心里又起了求子的心愿，同样许下做三千件善事的愿望。辛巳年（1581），有了儿子天启。

【解读】

这里提到了一个词——回向。回向属于佛教用语。回向，又作转向、施向，意为以自己修之善根功德，回转给众生。意思是说，用自己的功德去拯救万物众生，是一个行善的过程。当然，回向是需要广阔的心胸才能够做到的，或者说回向本身就是扩展一个人心胸的过程。

了凡先生的三千件善事做完，自己的命运也得到了改变。但是他并没有满足，他还想继续改变自己的命运。这次他又发愿做三千件善事，希望自己能够有一个儿子。

在了凡先生许下愿望的第二年，他的儿子就出生了，他为其取名天启。虽然他还没有做那三千件善事，但是他的诚心已经感动了上天，感动了佛祖，再加上之前他的行为，上天认为他一定会去完成那三千件善事，所以他才在第二年就满足了愿望，有了儿子。

至此，了凡先生命运中几件不如意的事情已经都改变了：第一，他中了举人；第二，他有了儿子。这样，他既完成了自己的梦想——光宗耀祖，又有了后代。百年之后他也可以向自己的祖先有个交代了，坏的命运已经变成了好的命运。

广行善行

余行一事，随以笔记；汝母不能书，每行一事，辄用鹅毛管，印一朱圈于历日[①]之上。或施食贫人，或放生命，一日有多至十余者。至癸未八月，三千之数已满。复请性空辈，就家庭回向。

① 历日：日历。

【译文】

我每做一件善事，就随时用笔记录下来；你的母亲不会写字，每做一件善事，就用鹅毛管印一个红圈在日历上。有时候送食物给穷人，有时候放生小动物，每天所做的善事最多可达十几件。到了癸未年（1583）八月，发誓做的三千件善事已经做完。又请了性空和尚等，到家里回向。

【解读】

基于了凡先生所处的时代特点，如果了凡先生这辈子真的没有儿子的话，那么估计他妻子也得不到什么好的结果。所以说，当了凡先生通过自己的努力，改变了自己的命运得到儿子之后，他的妻子或许才是最高兴的人。

当她看到自己的丈夫在为有了儿子而努力地做善事的时候，她也去做善事来表达感激之情。其实了凡先生的妻子向他学习行善，这应算作了凡先生的功德。

了凡先生的妻子发现他会把自己所做的每一件善事都用笔在纸上记录下来，所以她决定也要把自己所做的善事都记录下来。但是有一个问题，那就是她不会写字。于是她每做过一件善事之后，就用鹅毛管蘸上印泥，在自己家的日历上做一个记号，以此来记录自己做过的善事，同时也用这样的方法来进行自我检查和敦促。

其实从这些事情中我们可以看出，了凡先生能够改变自己的命运，中科举、生儿子，是有一定的道理的。因为了凡先生在不停地行善积德，同时，他不光是自己行善，还带动了他的妻子行善积德，这样的功德是十分大的。

了凡先生发现，有时候他的妻子一天会在日历上做十多个记号，这就代表了她那天做了十多件善事，这得是多么虔诚和真诚地在做善事啊。了凡先生的妻子做了这么多善事是十分让人尊敬的，那么她究竟都做了些什么样的善事呢？了凡先生举出了两个有代表性的善事做例子，一个是布施食物给贫穷困苦的人，一个是放生小动物。

就这样，了凡先生和他的妻子每天都不停行善、做好事，一直到癸未年八月，他许愿要做的三千件善事做完了。从中我们能够发现一件事情，那就是之前了凡先生许愿说做三千件善事用了十多年时间，而这次做三千件善事只用了四年时间。这不仅是因为有他妻子的帮助，更是因为了凡先生更加成熟了，在改变命运的道路上越来越顺利了，做善事也越来越有心得了，更重要的是了凡先生已经越来越喜欢行善积德的感觉了。

善恶皆说明

九月十三日，复起求中进士愿，许行善事一万条，丙戌登第，授宝坻知县。余置空格一册，名曰《治心篇》。晨起坐堂，家人携付门役，置案上，所行善恶，纤悉必记。夜则设桌于庭，效赵阅道焚香告帝。

【译文】

九月十三日，我心里又有了中进士的愿望，发誓做一万件善事。丙戌年（1586），果然中了进士，被授予宝坻知县的官职。我准备了一个空白的小册子，起名《治心篇》。每天早晨在公堂审案的时候，就让家人把这本册子交给看门的衙役，让他们放在桌案上，把我所做的善事和恶事，无论多小全都记在上面。每天晚上在庭院中摆了桌子，效仿赵阅道焚香向天神报告白天所做的事。

【解读】

每个人都有欲望，特别是在某些方面取得一些成就的时候，总是希望自己能够在这方面再进一步。这种欲望不能说不好，因为有时候这是催人奋进和向上的动力。了凡先生就是有这种欲望的人，在做善事换得自己中举人、有儿子，改变命运之后，他希望自己能够再进一步，彻底改变自己的命运，于是他祈求自己中进士，并许下了做一万件善事的誓言。

或许是了凡先生的真心诚意感动了上天，经过短短的三年时间，在不停地努力做善事的同时，他中了进士。了凡先生中了进士之后，朝廷封他为宝坻县的知县。

了凡先生在宝坻县当知县的时候做了一个叫作《治心篇》的东西，放在自己在宝坻县大堂的桌上，然后每天把自己所做的事情全部记录下来，无论是善事还是恶事，都要记录，以此来提醒自己要多做善事。

按照文中的说法，《治心篇》其实就相当于现在的笔记本，或者说是用纸张装订成的一本小册子。了凡先生把自己每天所做的善事或者恶事全部用这个本子记录下来。

了凡先生不仅做了一个《治心篇》来记录自己所做的善事和恶事，每天到晚上的时候，他还要在院子里面焚香祷告，把自己一天所做的事情全部告诉上天，希望福气能够降临。了凡先生说他的这种做法是向宋朝赵阅道学习的。

赵阅道是北宋名臣，原名赵抃，字阅道，担任过殿中侍御史，为官清廉，不畏权势，很有政绩，并且和欧阳修、韩琦等是至交好友。韩琦称赞他为“世人标表”，意思是说赵阅道是世人的楷模标杆。

《论语》中有“见贤思齐”这样的话，了凡先生焚香祷告这样的做法其实也是一种见贤思齐的行为。了凡先生在接受了云谷禅师的立命之学后，就开始追求圣贤之道，知道了赵阅道的做法后，就效仿先贤。我们也可以效仿了凡先生，把自己每天所做的好事、取得的进步、做出的错事全部记录下来，以提醒自己要断恶行善，只要能坚持下去，就能够提升自己。

万件善事

汝母见所行不多，辄颦蹙（cù）曰：“我前在家，相助为善，故三千之数得完；今许一万，衙中无事可行，何时得圆满乎？”夜间偶梦见一神人，余言善事难完之故。神曰：“只减粮一节，万行俱完矣。”

【译文】

你母亲看到我所做的善事不多，皱着眉头说：“我以前在家，帮着你做善事，所以你许下做三千件善事的心愿才能尽快达成；如今你许了做一万件善事，衙门中又没什么善事可做，什么时候才能完满呢？”我晚上睡觉，偶然梦见一位仙人，就将一万件善事难以做完的原因告诉了他。仙人说：“仅仅你当知县减免百姓钱粮这件事，就抵得上你做一万件善事了。”

【解读】

了凡先生当上宝坻知县后，每天都要在县衙里处理各种事务，没有机会到外面去，这样也就看不到很多需要帮助的人，如此他每天所做的善事自然就减少了。这样一来，了凡先生所许诺的做完一万件善事也就遥遥无期了。这个时候了凡先生的妻子也有了忧愁。

了凡先生听了妻子的抱怨后，也很着急，因为按照他当知县之后的状态，确实很难去完成他所承诺的那一万件善事。

正当为没有办法完成一万件善事而忧心忡忡的时候，了凡先生偶然梦见一位仙人，于是他就将一万件善事难以做完的原因告诉了那个仙人，仙人说，仅仅他当知县后减免百姓钱粮这件事，就抵得上做一万件善事了。

了凡先生是一个积极去改变命运的人，是接受了云谷禅师立命之学的人，是一个能够全心全意地去做善事的人。

做善事符合天道规律，坚持去做，上天就一定会知道并且了解。了凡先生能够按照天道的要求和规律去做善事，所以他能够在做善事遇到困难的时候梦见神仙，并且得到神仙的帮助，这其实就是天人感应。

善心真切

盖宝坻之田，每亩二分三厘七毫。余为区处，减至一分四厘六毫，委有此事，心颇惊疑。适幻余禅师自五台来，余以梦告之，且问此事宜信否？师曰：“善心真切，即一行可当万善，况合县减粮，万民受福乎！”吾即捐俸银，请其就五台山斋僧一万而回向之。

【译文】

宝坻县的田地，每亩田税是二分三厘七毫。经我处理，每亩田税减到一分四厘六毫，确实有这件事，但心里还是觉得十分惊讶和疑惑。恰好幻余禅师从五台山来到宝坻，我就把所做的梦告诉了他，并且问他这个梦是否可以相信？幻余禅师说：“只要你做善事的心是真诚恳切的，那么一件善事就可以抵得上一万件善事，况且你减免全县百姓的钱粮，造福上万百姓呢！”听禅师这么一说，我立刻捐出俸禄，请他在五台山斋僧一万，并将功德回向。

【解读】

幻余禅师从五台山来到了宝坻县，了凡先生把自己梦中所遇到的事情告诉了他，希望他能够给自己指点迷津。幻余禅师的话，其实就是说他同意了凡先生梦中那个仙人的说法，了凡先生做的这一件事情确实抵得上一万件善事。

当然了，关键还是心态的问题，就是说了凡先生给百姓减田赋这件事情一定是真心实意地去做才可以。如果了凡先生是为了得到全县百姓的夸赞，是为了以后升官积累功绩而去做的，那么这件事情就不可能抵得上一万件善事，因为做这件事情是有目的的，最终的目的不是去帮助别人，这当然不能算作做善事；而如果了凡先生做这件事情是真心实意的，他不想看到百姓生活艰苦，那么这件事情就一定是善事。了凡先生追求的是让百姓生活得更好，并不是自己的政绩，那么这件事情当然能抵得上一万件善事。所以说，行善是不是真心的，这一点十分重要。

祸福自求

孔公算予五十三岁有厄，余未尝祈寿，是岁竟无恙，今六十九矣。《书》曰："天难谌（chén），命靡常。"又云："惟命不于常。"皆非诳语。吾于是而知，凡称祸福自己求之者，乃圣贤之言；若谓祸福惟天所命，则世俗之论矣。

【译文】

孔先生推算我五十三岁的时候会有灾祸，我没有祈求长寿，当年也并没有什么灾祸，如今我已经六十九岁了。《尚书》说："天道是难以相信的，命运不是固定不变的。"又说："唯有天命是变化不定的。"这些都不是骗人的话。我这才知道，凡是说祸福都是自己求来的言论，都是圣贤之言；如果说祸福只有听从上天的安排，那便是世上庸俗之人的话。

【解读】

这段话其实是了凡先生对自己这么多年来实践立命之学的一个总结，或者是对自己多年感悟的一个总结，也可以当作了凡先生对儿子的谆谆教导和告诫。

了凡先生回忆了一下自己的过去。当初孔老先生给了凡先生推算的命运，整体来说是相当不好的一个命运，其中有一点是说了凡先生会在五十三岁的时候去世，对于这一点，了凡先生一直都没有忘记。自从了凡先生接受了云谷禅师立命之学，发誓要通过自己的努力改变命运之后，一共就祈求了三件事情，第一件是希望能够考中举人，第二件是希望能够有一个儿子，第三件是希望能够考中进士。这三件事情中并没有一件是希望自己能够活过五十三岁、希望自己能够长命百岁。但是，写这本《了凡四训》的时候，了凡先生已经六十九岁了，也就是说他在五十三岁那一年什么事情都没有发生，平安度过了，这是什么原因造成的呢？了凡先生多活的十六年是从哪里来的呢？这就是了凡先生做善事的功劳。

自从接受了云谷禅师的立命之学并且发誓要用自己的努力去改变命运之后，了凡先生一直真心做善事。了凡先生每天都在修行，积累善业，这样做的结果就是他改变了自己的命运。虽然他没有向上天祈求自己长命百岁，但是他活过了五十三岁那道坎。

这也就是佛教中所说的因果理论，因为了凡先生平时种下了善因，所以最终他能够得到善果。

接下来了凡先生引用《尚书》中的话来说明自己的观点，那就是“天难谌，命靡常”“惟命不于常”。其实这两句话所要表达的意思是一样的，那就是人的天命始终在发展和变化当中，因此天命难以确定。

了凡先生经过这么多年的实践，验证了自己的观点，并且在经过这么多年的努力终于改变了命运之后，他大彻大悟，明白了一个道理，并且要把这个道理传授给自己的后人：**不要去相信什么算命人的说法，想要有一个好的命运，就自己去努力，人的命运一定是由自己创造的。**

对待人生

汝之命，未知若何？即命当荣显，常作落寞想；即时当顺利，常作拂逆想；即眼前足食，常作贫窭（jù）想；即人相爱敬，常作恐惧想；即家世望重，常作卑下想；即学问颇优，常作浅陋想。

【译文】

不知道你的命运怎么样？即便当下荣华富贵，也要常常想到落寞不得志的情形；即便人生一帆风顺，也要常想身处逆境的情形；即便现在丰衣足食，也要经常想到贫穷困乏之时；即便受人爱戴尊敬，也要经常怀有畏惧之心；即便家世高贵，也要经常放低姿态；即便学问很优秀，也要经常把自己当作浅薄鄙陋之人。

【解读】

这段文字是了凡先生教育他儿子的话，主要是为了教给他儿子正确对待人生的态度和方法。

了凡先生对儿子说这些话，是因为他儿子还很年轻，对于人生缺乏客观的认识，也不知道到底该用什么样的态度或者说思维方法去面对人生。了凡先生根据自身多年的经验，总结出了正确对待人生的态度。其实这个方法很简单，主要就是注重心态的问题，凡事都往不好的方面想，即使当下很好，也一定要往不好的方面去想，这样人生才能够充满奋斗下去的动力。

现在好不代表以后好，三十年河东三十年河西说的就是这个道理。一个没有远见的人，多半后半生都不会好过。比如一个人身体很健康，体质很好，但若过度消耗，那大病总有一天会找到他。反之，如果他本来就体质好，却像有着重大疾病之人一样爱惜身体，他必定会益寿延年。如果一个人或是一个家庭想要长久兴旺下去，就要按照了凡先生所说的方法去做：**即使当下很好，也应想到不好之时**。这样的观点对于现代人来说是同样适用的。

对儿子的期待

远思扬德，近思盖父母之愆(qiān)；上思报国之恩，下思造家之福；外思济人之急，内思闲己之邪。

【译文】

从长远来讲，要想着发扬祖宗流传下来的美德，从近处来讲，要想着掩盖、弥补父母的过失；从高处讲，要想着报答国家的恩德，从低处讲，要想着为家人造福；对外要想着救济别人的难处，对内要想着防止自己做什么邪谬的事。

【解读】

了凡先生希望儿子在个人修养方面能够做到以下几点。

第一，扬祖宗之德。这里的祖宗是广义的，中国古代的圣贤都应该算。

第二，盖父母之愆。这就是说要遮盖父母的恶事。父母是给我们生命的人，也是我们一生中最亲近的人，不论父母的德行是什么样的，都改变不了他们给了我们生命这个事实。所以说，在任何情况下，人都没有权利去指责自己的父母，更不要说宣扬自己父母的恶事了。

第三，报国之恩。没有国家，人们就没有安定的生活环境；国家稳定强大，人们生活才能幸福。所以，能够生活在安定的环境，应该感谢国家的恩德、报答国家的恩德。

第四，造家之福。这就是说要给自己的家庭积攒福德。所谓“修身、齐家、治国、平天下”，齐家在治国和平天下前面，只有为自己的家庭创造出了足够的福德之后才有资格、有能力去创出一番自己的大事业。

第五，济人之急。这是指要帮助有困难的人。这一点其实最好理解，人的命运都是由自己创造的，也只能通过自身的努力去改变。那么怎么样改变命运呢？就是去行善、积累功德，而帮助有困难的人就是行善积德的事情。

第六，闲己之邪。这就是说要收起自己的邪念。其实在了凡先生所说的六点中这一点是最重要的，因为无论做什么事情都要从自身出发，没有一个正常、健康、善良的身心是不可能做到前面所说的那五点的。

当然，了凡先生告诫他儿子的这六点，其实放在每一个人身上都是十分合适的。只要我们能做到了凡先生所说的六点，就算是一个优秀的人。

反省改过

务要日日知非，日日改过；一日不知非，即一日安于自是；一日无过可改，即一日无步可进。天下聪明俊秀不少，所以德不加修，业不加广者，只为因循二字，耽阁一生。云谷禅师所授立命之说，乃至精至邃（suì）、至真至正之理，其熟玩而勉行之，毋自旷也。

【译文】

一定要天天反省自己的过失，每天都要改正自己的不足；一天不知道自己的过错，便一天沉浸于自以为是中；一天没有错误可以改正，就一天无法进步。天下容貌清秀、才智杰出的人很多，但他们却不提升自己的品德、不拓宽自己的事业，只是因为“因循”两个字，整天闲散疏懒，耽误了自己的一生。云谷禅师传授给我的立命之学，是最精辟、最深邃、最真切、最正确的道理，你一定要认真钻研并且努力去施行，不要放纵自己，荒废光阴。

【解读】

了凡先生告诫儿子，有些事情是每天都必须要做的，不能因为任何情况而改变。这是了凡先生立命之学的观点必须坚持的东西，也是一个人想要通过自己的努力改变命运必须做的事情。在这段话中了凡先生举了一个例子，一个人要改变命运，每天必须进行自我反省。

人都会有错误和缺点，有了错误，就要主动认真反省自身，从而不断提升自己，改变命运。反省的过程就是一个人心智不断提高的过程，是一个人心灵不断升华的过程。心平气和地正视自己、客观地反省自己，可以除杂念，使自己对事物有清晰、准确的判断，理性地认识自己，并提醒自己改正过失。

了凡先生是想告诉儿子，如果一天不知道自己的过错，便一天沉浸于自以为是中；一天没有错误可以改正，就一天无法进步。人一旦在内心中认为自己的所作所为都正确，那么肯定听不进去别人的意见；一直按照自己的想法做事，那必然会停滞不前。一个人如果总是坚持自己的思维方式，不接受别人的建议和意见，最终的结果肯定是不会再进步。

历史上，很多人小时候被誉为神童，但长大后却没有任何进步，原因就是了凡先生所说的“因循”两个字。一些普通人，没有什么天赋，但是他们相信勤能补拙，于是勤学苦练，最后反倒有了所成。所以说，不管做任何事情，都要抱定一辈子用功的心思，不管天赋如何，都是能够取得成功的。正如传说中的愚公移山一样，愚公一家经过不懈的努力，最终开辟出道路。如果不是他们不间断的努力感动了上天，神仙怎么会帮助他们呢？所以说，努力是最重要的。再比如打井，如果在这个地方挖了几米深没出水，就换个地方挖，那个地方挖了几米深没出水，换个地方再挖。这样做的结果是一辈子都在换地方，一口井都不可能挖出来。改变命运也是一样的道理，只要每天都反省、每天都改错，努力坚持下去，总有一天能够成功。

了凡先生认为，云谷禅师传授给他的立命之学思想是至精至邃、至真至正之理，这是对立命之学思想的一个总结，同时也是对立命之学思想的一个评价。所以了凡先生希望儿子天启能够继承立命之学的思想，并且“熟玩而勉行之”。

第二篇　改过之法

改错得福

春秋诸大夫，见人言动，亿而谈其祸福，靡不验者，《左》《国》诸记可观也。大都吉凶之兆，萌乎心而动乎四体，其过于厚者常获福，过于薄者常近祸，俗眼多翳（yì），谓有未定而不可测者。至诚合天，福之将至，观其善而必先知之矣；祸之将至，观其不善而必先知之矣。今欲获福而远祸，未论行善，先须改过。

【译文】

春秋时期的士大夫，看到人们的语言和行为，便能推测出其祸福，他们所说的话没有不应验的，这些事情在《左传》《国语》中都有记载可查。大体上来说，一个人吉凶祸福的征兆，都是萌发于他的内心而表现在他的行为上，那些厚道的人常常能获得福报，刻薄的人常常会招致祸患。一般的凡夫俗子才学浅陋，无法识得吉凶祸福，就如同那些得了白内障的人一样看不清楚，说祸福是不确定的，无法预测。以至诚之心待人是符合天道的，福报将要来到的时候，观察他的善行就能预先知道；灾祸将要到来的时候，观察他的恶行也必然能够推测到。如今想获得福报远离灾祸，不必谈做善事，必须先改正自己的过错。

【解读】

我们如果仔细观察一个人或者研究一件事，也能够大致判断出一个人的性格或者事情的走势。了凡先生在这里的重点并不是教人们推测祸福，而是告诉人们，一个人的举止德行，决定了他的命运。一个人做事符合天道规律，那么这个人就会有福气，就是吉；一个人做事不符合天道，那么就会有祸患，就是凶。所以说，人们平常无论做什么样的事情都要符合天道，种下好的因，将来才能得到好的果。

一个人吉凶祸福的征兆，都萌发于他的内心，进而表现在行为上。《太上感应篇》里说，“祸福无门，唯人自召”。这句话按照字面来理解，就是福祸本来是没有门可以走进来的，是人们把门打开了，才把福祸放了进来。也就是说，不论是福还是祸，其实都是人们自己招来的，并不是上天随便降下的。

人打开了门放进了福祸，意思是说人的内心中产生了福祸。一个人内心善良，就会得到福气；内心险恶，就会招来祸患，这就是“唯人自召”。所以说，福祸都是源于一个人的内心的。

至诚合天的意思是说，人们做事情符合天道规律，没有任何妄念和分别，不论做什么事情都用真诚的态度去对待，这是人们做事情的一个基本原则。能够坚持以这个原则做事，那么你的吉凶祸福都是可以预料或者推测到的。

有了至诚合天这个原则之后，再去观察一个人的吉凶祸福就十分简单了。在这种情况下，看一个人有福还是有祸不用去算卦和占卜什么的，只要看这个人的行事符不符合天道规律就可以了。一个人平时做行善积德的事情，他一定会得到福报。

看一个人是否有祸患，只要观察这个人平时是不是总是在作恶就可以了，因为作恶是违背天道规律的，罪行多了的人必然会遭祸患，这一点也是不用通过卜卦算命就能知道的。

羞耻心

但改过者，第一，要发耻心。思古之圣贤，与我同为丈夫，彼何以百世可师？我何以一身瓦裂？耽染尘情，私行不义，谓人不知，傲然无愧，将日沦于禽兽而不自知矣；世之可羞可耻者，莫大乎此。孟子曰："耻之于人大矣。"以其得之则圣贤，失之则禽兽耳。此改过之要机也。

【译文】

凡是要改正过错的人，第一，要生发出羞耻心。想想古时候的圣贤之人，和我一样都是男子汉，为什么他们可以被后人当作榜样？我为什么就一事无成，甚至声名狼藉呢？那是因为沉溺于世俗欲望，私下里做了一些不合乎仁义道德的事情，以为别人不知道，还表现出一副无愧的样子，没有一点羞愧心，整天这样沉沦，逐渐变成卑劣无耻的人，自己却还不自知；世界上没有比这个更羞愧、更可耻的事情了。孟子说："知耻对于一个人的意义非常重大。"一个人有羞耻心，便可以成为圣贤，若没有羞耻心，那就跟禽兽没什么区别。这就是改正过错的关键。

【解读】

改正过错的第一点，是要有羞耻心。

一个人有了羞耻心会得到什么样的好处呢？一旦有了羞耻心，人的内心中就会产生一个标准——对和错。在这个标准之下，人们就会知道什么事情该做，什么事情不该做，做什么事情是对的，做什么事情是错的。心里有了这样的标准之后，人们才能知道自己在什么时候做错了什么事情，也才能做到在做错事情之后反省自己的错误，同时也能勉励自己、积极地改正错误。有了羞耻心，人们才能发现自身的不足，也才有动力改正错误，并且羞耻心会激发一个人内在的潜力和动力，使人在做事情的时候能够勇往直前。

了凡先生把自己和古代的圣贤相比较，他认为大家都是同样的人，所做的事情和所取得的成就都应该是差不多的，可是实际情况却完全不同。古代的圣贤通过自身的努力成为百世之师，他们的思想受人追捧，他们的学问有人继承，他们做事情的方法有人效仿。但是了凡先生却不能达到那样的程度，大部分时间他一事无成，浑浑噩噩地活着。既然“人皆可以为尧舜”，为什么自己要甘处下愚呢？对于这样的情况，了凡先生是很不理解的。

了凡先生为什么会产生把自己和古代的圣贤相互比较的心思呢？那是因为了凡先生有羞耻心。了凡先生后来能够那么努力地改变自己的命运，有羞耻心这一点起到了很大的作用。了凡先生在经过自我反省之后，终于找到了自己的命运和古代圣贤的命运不同的原因。

第一，耽染尘情。过度沉溺于世俗之间的感情。说白了就是内心有妄念，不能够做到清净无欲，容易受到世俗的诱惑。

第二，私行不义。意思是说了凡先生经常偷偷地去做一些他不应该做的事情，并且在做了之后还隐瞒了，自以为没有人知道，没有一点愧疚和羞耻的感觉。所以说了凡先生前半生庸庸碌碌似乎也能解释得通了。当然，这一点其实也和了凡先生之前不懂得立命之学有关。

接下来了凡先生说了一个孟子的观点，孟子说过，“人不可以无耻。无耻之耻，无耻矣”。了凡先生认为知耻对于一个人来说，是极为重要的，有羞耻心的人能够成为圣贤，没有羞耻心的人就庸庸碌碌。

敬畏心

第二，要发畏心。天地在上，鬼神难欺，吾虽过在隐微，而天地鬼神，实鉴临之，重则降之百殃，轻则损其现福，吾何可以不惧？

【译文】

第二，要有敬畏之心。天地在上，鬼神难欺，即使犯了隐蔽微小的错误，天地鬼神也能看得十分清楚，一个人的罪过非常重大，便会遭受很多灾祸，如果罪过很轻也会折损现在的福报，我怎么可能不惧怕呢？

【解读】

改正过错的第二点，是要有敬畏之心。

人只有在有了敬畏之心之后，才不敢任意妄为，才不会做出恶事恶行。有些人，别人评价他们做事情的方法时会说肆无忌惮，其实这就是没有敬畏之心的表现。或许有些人会认为这样的行为属于直来直去、快意恩仇，其实不然，做人行事肆无忌惮的人最后都没有得到什么好的结果。

那么人们需要敬畏的又是什么呢？了凡先生给出了答案。“天地在上，鬼神难欺”，天地鬼神是人们最需要敬畏的。佛教中有因果报应的思想，做好事就能得到好报，做坏事就要遭祸患。有人会说自己做善事是不希望别人知道的，为什么也能得到福气呢？有些人的恶事明明是背着别人去做的，为什么会遭祸患呢？是谁把这样秘密的情况全部掌握，然后分别送来吉凶祸福呢？答案显而易见，是天地鬼神。只有有了敬畏的约束，人们才不敢胡作非为，才不敢肆无忌惮地做恶事。

自欺欺人

不惟此也。闲居之地，指视昭然；吾虽掩之甚密，文之甚巧，而肺肝早露，终难自欺；被人觑破，不值一文矣，乌得不懔懔？

【译文】

不只如此。即使在独居的地方，自己的行为举止，神明也看得清清楚楚；我虽然掩饰得十分巧妙，但内心的想法也会显露出来，最终难以自欺；被人看破的时候，就更加一文不值，怎能不长存敬畏之心呢？

【解读】

这段话说的是儒家学说中的慎独思想。慎独是儒家学说中的一个重要概念，也是儒家修行的最高境界。在被奉为儒家经典的《大学》《中庸》中都有关于慎独的观点。

《大学》中说："所谓诚其意者，毋自欺也。如恶恶臭，如好好色，此之谓自谦。故君子必慎其独也。小人闲居为不善，无所不至，见君子而后厌然，掩其不善，而著其善。人之视己，如见其肺肝然，则何益矣。此谓诚于中，形于外，故君子必慎其独也。"这里明确地说明了君子必须坚持慎独的思想。

《中庸》中说："天命之谓性；率性之谓道；修道之谓教。道也者，不可须臾离也；可离，非道也。是故君子戒慎乎其所不睹，恐惧乎其所不闻。莫见乎隐，莫显乎微。故君子慎其独也。"这里也明确说了君子要慎独。

慎独究竟要怎么理解呢？慎独其实是指人在没有人监督的情况下，凭借自身的高度自觉，做任何事情都坚持一定的道德规范，而不会做出任何违反道德信念和做人原则的事情。

一般情况下，人独自处在一个私密的空间或隐秘的地方，并且没有人进行监督的时候，往往会在心里面产生一种十分轻松的感觉，这时就可能会不自觉地放松自己的思想或者是行为，而一个人极度放松导致的最直接的后果就是对自身的放纵。当一个人在思想和原则上不能约束自己或是在行为上放纵自己的时候，他往往就会做出一些不好的事情，比如说违背道德的事情，比如说违背做人原则的事情。当然，有些时候人在私室独居的时候有意地做出这些事情，因为这样的人总感觉在没人监督的情况之下是最安全的，做什么事情都不会被发现。这其实就是缺乏慎独思想的后果。要知道天地鬼神其实是无处不在的，人只要做事情，就逃不过天地鬼神的监察，这无关乎人所处的地点，也无关人做的事情是不是有人看见。所以说，一定要慎独，一定要敬畏天地鬼神。

“吾虽掩之甚密，文之甚巧，而肺肝早露，终难自欺”，这句话的意思是说，人们在做错事情的时候，即便再怎么样去掩盖，也无法欺骗自己的内心，最终肯定会暴露。一般来说，很多人做出了什么错事或者恶事的时候，最先想的是如何去掩饰，这是不对的，这不利于一个人变得更好。这种安慰和误导，或许能让一个人得到一时的平静，但是时间久了之后就会发现，错误就是错误，恶事就是恶事，无论怎么样去掩饰，它都是真实存在的，这种做法只是自欺欺人而已。

一味掩盖，不思悔过，也得不到心安。俗话说：“为人不做亏心事，半夜不怕鬼敲门。”人们做了亏心事之后，就会发现自己总是有一种不踏实的感觉，甚至有时候会有一种心惊胆战的感觉，总是会感觉到自己做的错事或者恶事被别人发现了，甚至连晚上睡觉都有可能睡不好，其实这就是人正在遭受自己良心的谴责。

正是因为做了错事和恶事之后，无论怎么样掩饰都逃不过自己良心的谴责，再加上被人发现的后果，所以了凡先生认为一定要有敬畏之心，只有这样才能在无论什么样的情况下都能坚持道德底线和做人的准则，才能不做错事情。

懂得悔改

不惟是也。一息尚存，弥天之恶，犹可悔改；古人有一生作恶，临死悔悟，发一善念，遂得善终者。谓一念猛厉，足以涤百年之恶也。譬如千年幽谷，一灯才照，则千年之暗俱除；故过不论久近，惟以改为贵。但尘世无常，肉身易殒，一息不属，欲改无由矣。明则千百年担负恶名，虽孝子慈孙，不能洗涤；幽则千百劫沉沦狱报，虽圣贤佛菩萨，不能援引。乌得不畏?

【译文】

不只是这些。只要还有一口气在，就算是犯了弥天大罪，还可以悔改；古时有的人做了一辈子的坏事，到临死的时候有所觉悟，心中萌发一丝善念，最终也能得到善终的果报。这是说，改过的念头足够猛厉，足够洗刷一生所积下的恶行。就像上千年的幽暗山谷，只要有一盏明灯照射，几千年以来的黑暗都会被消除；所以无论什么时候犯下的过错，只要知错能改，就弥足珍贵。但尘世变化无常，我们的肉体很容易消亡，一旦呼吸停止，身体就不再属于自己，想要改掉自己的过错，就没有办法了。在阳间的报应，就是背负千百年的骂名，即使是有孝顺善良的子孙，也不能洗刷所犯下的罪过；在阴间的报应，就是遭受千百年的劫难，沉沦在地狱受应有的惩罚，即使是圣贤的佛祖菩萨，也无法帮助引接。怎能不畏惧呢？

【解读】

世界上最可怕的事情不是有过恶，而是有过恶却没有悔改之念。其实很多人都能够认识到自身所犯的错误和所做的事情是恶事，但是真心悔改的人却没有几个。一方面，有些人利欲熏心，心里根本就不在乎这些东西，只要有利益，管他什么错事还是恶事；另一方面，一些人在意识到自己的错误之后确实想要悔改，但是总会给自己找理由来推迟悔改或者拒绝悔改，比如说年龄大了，这辈子就这样了，改不改都无所谓了。

有一句话叫作“回头是岸”，意思是说一个人不管有过多大的罪恶，只要能够在活着的时候幡然悔悟，那就一定能够得到上天的承认，完成自我的救赎。对于这一点，古人也有同样的看法。“古人有一生作恶，临死悔悟，发一善念，遂得善终者”，这句话其实就是说的这个道理。古时有的人做了一辈子的坏事，到临死的时候有所觉悟，心中萌发一丝善念，最终也能得到善终的果报。哪怕是临死之前才真正地意识到自己所犯的错误和所做的恶事是多么不应该，只要是真心实意的，那也是能够得到善报的。

关于这一点，了凡先生还特意做了一个比喻——千年幽谷，一灯才照，则千年之暗俱除。上千年的幽暗山谷，只要有一盏明灯照射，几千年以来的黑暗都会被消除。黑天的时候人们为什么要点灯？因为灯光能够赶走黑暗。其实人一生所做的恶事就相当于千年的黑暗，而临死之前的诚心悔改和向善其实就是一盏能够驱散黑暗的灯光，只要这灯光一出，那黑暗就立刻消失，所以说，做了一辈子恶事的人，只要能够诚心悔改和真心向善，就一定是能够得到善终的。

佛教中有一个观点是这样说的："万般带不走，唯有业随身。"意思是说当一个人死的时候，金银财宝、房子车子等，这些东西都是不能带走的，但是有一样东西却一定会随着人走，那就是一生积攒下来的善业、恶业。其实这就是佛教中的因果报应、轮回的观点，也就是说有些作恶的人或许这辈子因为生命的消逝而没有遭到上天降下的灾祸，但是人还有下辈子，而这些人没有承受的灾祸会跟着人到下辈子去。一个人在作恶，特别是积攒了很多的罪恶之后，肯定会受到上天的惩罚。当然，这种惩罚分为明面上的和暗地里的。

明面上，一个人在犯下了滔天的罪恶之后肯定是千夫所指，甚至世世代代受到世人的唾骂。其实可以想一下，一个人在活着的时候，如果没有良好的品德，得罪了很多的人并且做出了很多的恶事，那么他死后必然会受到咒骂指责。比如南宋的秦桧，秦桧做的最大的一件恶事就是以莫须有的罪名害死了岳飞。结果怎么样呢？直到现在，人们提到他的时候还是会忍不住骂上几句，并且他的雕像现在还跪在岳飞的墓前。这就是他作恶多端所带来的后果，用声名狼藉、遗臭万年等词语评价他一点儿都没有错。一生作恶的人即使是死掉了，也是不可能得到好的下场的。

暗地里的惩罚就是下十八层地狱。佛教思想认为，一个人如果在活着的时候做了很多恶事，并且不知道悔改，那么死后也不会得到好下场，要下地狱去受苦。

《华严经》中说："应观法界性，一切唯心造。"天堂和地狱都是一心所造成的。地狱本来无门，但一起恶心、一做恶事，地狱的大门就打开了。天堂也无路，但善心一起，通往天堂的大道就铺好了。

"虽圣贤佛菩萨，不能援引"，这是说即使是圣贤的佛祖菩萨，也没办法解救那些在地狱中受苦的作恶多端的人。佛教讲究慈悲为怀，也确实有很多恶人最后在佛教中找到了归宿。但是，并不是所有的恶人都能够得到佛教的青睐。佛教看重的是缘，与佛教有缘的人，最后才能够皈依佛门，而与佛教无缘的恶人，最后只能在地狱中受苦。

勇猛心

第三，须发勇心。人不改过，多是因循退缩；吾须奋然振作，不用迟疑，不烦等待。小者如芒刺在肉，速与抉剔；大者如毒蛇啮指，速与斩除，无丝毫凝滞。此风雷之所以为益也。

【译文】

第三，要有勇猛心。人们没有改正自己的过错，大多是因为在罪过面前徘徊退缩；我们必须奋发向前，不能迟疑，不能等待。小的罪过如同针芒扎在身体上一样，要快速剔除；大的罪过就如同毒蛇咬到手指一般，要迅速将手指斩断，不能有丝毫的犹豫停滞。这就是《易经·益卦》所说的改正错误要雷厉风行的道理。

【解读】

勇猛心，字面上就是心里有勇气，有一个坚定的信念。人为什么要有勇猛心呢？从平时的角度来讲，一个人做任何事情都是需要勇猛心的，因为人做一切事情的时候都需要有一股勇气，如果没有勇气，人是任何事情都做不成的。

很多事情，都需要有勇气才能找到正确的方法。历史上的很多有成就的人都是因为有一颗勇猛心，有坚定的信念，才被我们铭记的。

改过更是需要有勇气才可以。前面说过，改过要有羞耻心，因为羞耻心可以帮助人们发现自己的错误；改过要有敬畏心，因为对天地鬼神的敬畏可以督促人们抓紧去改正自己的过错。除此之外，还需要有勇猛心，因为有了勇猛心之后，人们面对错误的时候才能够当机立断，坚定地去改正过错。

了凡先生认为，“人不改过，多是因循退缩”，意思是说人们不能彻底改正过错的真正原因是在错误面前畏畏缩缩，得过且过，混过去就算了。比如想尽办法遮盖和掩饰自己的错误、不承认自己所犯的错误，对于自己所犯的错误轻描淡写地提一下，故意不去理会，其实这些都是在错误面前畏缩的表现。这样的行为只会加重自身的过错。那么，应该怎么办才能更好地改正过错呢？“吾须奋然振作，不用迟疑，不烦等待。”这句话的意思是说，在面对错误的时候，人必须奋发向前，不能迟疑、不能疑惑，要立即下定决心去改正。

从事上改过

具是三心，则有过斯改，如春冰遇日，何患不消乎？然人之过，有从事上改者，有从理上改者，有从心上改者；工夫不同，效验亦异。如前日杀生，今戒不杀；前日怒詈（lì），今戒不怒：此就其事而改之者也。强制于外，其难百倍，且病根终在，东灭西生，非究竟廓然之道也。

【译文】

一个人如果拥有了羞耻心、敬畏心、勇猛心，那么有过错就会及时改正，就像春天的冰雪遇到太阳一样，还担心不能消解吗？然而人们所犯的过错，有从具体事情上改正的，有从认清道理而改正的，有从心性修养改正的；改正的方式不同，取得的效果也有差异。比如以前杀生，现在不再杀生；以前生气责骂别人，如今戒除，不再轻易生气：这就是从事情本身来改正。这种方式是从外面进行强制，所以会有百倍的难度，而且引发过错的根源始终还存在，即便是这边改掉了，那边又重复出现，不是从根本上改正过错的方法。

【解读】

了凡先生认为，只要羞耻心、敬畏心和勇猛心三心齐备，就一定能够产生一股强大的力量去改正过错。为此，了凡先生特意举了一个例子来形容：过错遇到三心就好像春天的冰雪遇到阳光一样，不用担心冰雪不能融化，当然也就不用担心过错不能够解决了。

改正过错的方式主要有三种：第一种是从事情本身去改正；第二种是认清道理而改正；第三种是从心性修养上改正。

从事情上改正，这个很好理解，就是针对某些自己所做的错事去改正，强制改掉这些错误，也强迫自己不再犯这些错误。比如说抽烟是不好的，所以就不再抽烟了，强制自己去戒烟，不去在乎为什么抽烟是不好的，只需要知道把抽烟这个不好的习惯戒掉就好。这个就是从事情上改正，因为它针对的只是单纯的一件事情。

了凡先生举了两个例子来说明这个问题。比如有的人杀生，但是后来明白这种做法是错误的，所以就强迫自己不再去杀生，坏行为改掉了，改正也算结束了。再有就是以前喜欢生气，喜欢对别人莫名其妙地发脾气，后来知道这个习惯是不好的、这个行为是错误的，就强迫自己遇到事情不发脾气，这些都是从事情上进行改正。

从事情上改正只是从外部通过强制性的手段来阻止恶行的发生，却没有去找恶行发生的根本原因。只要恶根还在，那么这样的恶事恶行早晚还会发生。

从理上改过

善改过者，未禁其事，先明其理。如过在杀生，即思曰：上帝好生，物皆恋命，杀彼养己，岂能自安？且彼之杀也，既

受屠割，复入鼎镬（huò），种种痛苦，彻入骨髓；己之养也，珍膏罗列，食过即空，疏食菜羹，尽可充腹，何必戕彼之生，损己之福哉？又思血气之属，皆含灵知，既有灵知，皆我一体；纵不能躬修至德，使之尊我亲我，岂可日戕物命，使之仇我憾我于无穷也？一思及此，将有对食痛心，不能下咽者矣。

【译文】

善于改正过错的人，没有在事情本身上改正之前，会先把其中的道理弄明白。譬如想改杀生的过错，就要想着：上天有好生之德，世间万物都眷恋自己的生命，杀害别的生命来养活自己，自己怎么能安心呢？况且当牲畜被宰杀时，既要受到宰割之痛，还要忍受被锅鼎烧煮的痛苦，这所有的痛苦，都深深地穿透到骨髓里面；为了滋养自己的生命，尽情地享受各种山珍海味，却没想过吃过这些美味以后，所有吃过的东西也都化为乌有，吃一些素食菜羹也能充饥止渴，为什么非要残害动物的生命来充饥、去损害自己今生该得的福报呢？再仔细想想，凡是有血肉、有气息的生命，都具有灵气和感觉，和我一样；纵使我不能培养出至高的德行，使它们尊敬我、亲近我，但怎么可以天天残害它们的生命，让它们无穷无尽地怨恨我呢？一想到这些，我在面对餐桌上的食物时，就会起怜悯之心，而不忍心下咽了。

【解读】

了凡先生认为，经常做恶事和错事的人，是因为不明白事物中包含的道理。为什么这么说呢？因为人无论做什么样的事情，都是从自己内心的角度出发的，也就是说一个人内心的想法才是他做出恶事和错事的根源。

因此，如果不能明白一件错事产生的根源，不能够在心里说服自己，而是单纯地从事情上去改正过错，就是浮于表面，效果不大。如果能够从内心明白错事的根源，先在心里把自己说服，然后再去改正，那就很容易了。

从事情上改正过错只是就事论事，只是对错误行为进行修正，只是注重眼前的事情；从道理上改正过错，属于在思考了事情的前因后果和所造成的影响等多方面的因素，理解了事情的根本原因后去改正，这就是考虑到了长远的事情。

控制脾气

如前日好怒，必思曰：人有不及，情所宜矜；悖理相干，于我何与？本无可怒者。又思天下无自是之豪杰，亦无尤人之学问；有不得，皆己之德未修，感未至也。吾悉以自反，则谤毁之来，皆磨炼玉成之地；我将欢然受赐，何怒之有？

【译文】

比如前一大发脾气，就一定要想：每个人都有不足之处，从情理上来说，这都是可以原谅和值得同情的；违背情理与别人争执，对我有什么益处呢？这本来就没有什么好生气的。又想到天下没有自以为是的英雄豪杰，也没有使人心生怨恨的学问；如果有无法称心如意的事情，那都是因为自己的德行修养还不够，还没有做到能够感动上天的地步。这些我都应该反省，别人对我的诽谤和诋毁，都是对我人生的磨炼和成全，我应该愉快地接受这些，有什么好生气的呢?

【解读】

当其他人惹自己发怒和生气的时候，一定要控制住自己的脾气，多想一想其中的道理和原因，三思而后行，就知道自己其实是不应该发怒的。

第一，人和人是不一样的。这个不一样是表现在很多个方面的，比如性格、爱好、受教育程度和家庭情况等，这导致了每个人的能力都是不同的。所以在做同样的事情的时候，每个人所能够做到的程度也是不同的，有些人做事情最后达不到我们要求的程度，这样的情况是完全可以理解的。也就是说，当有些人做事情让你不满意或者是没有达到你的要求的时候，只要你在心里想一想这个人的能力水平或者是擅长的领域等问题，就会发现，自己根本没必要发怒和生气。

第二，人非圣贤，孰能无过。每个人都有可能犯错误，别人犯错误可能是由于他们的德行不足或者是见识、能力、思想等各个方面的原因造成的，和我们又有什么关系呢？我们为什么要因为别人所犯的错误或者是所做的事情而发怒和生气呢？别人做了恶行之后，上天自然会去惩罚他们，我们为什么要用生气来惩罚自己呢？《弟子规》中说："不关已，莫闲管。"因与自己无关的事件大动干戈，这又是为什么呢？当然，不发怒并不是说我们在看到别人做出了天怒人怨的事情之后无动于衷，我们可以去谴责，但是没有必要动怒。恶人终究是会受到惩罚的，我们没有必要让自己处于不良情绪之中。

普通人好怒易生气，其实是因为自身的德行修为不够，加之不够谦逊。在日常生活中，每个人都可能遇到过别人的指责，这时候，很多人就发怒了，就生气了，这其实是很正常的一种行为。但就是这种在我们看来正常的行为才是错误的。如果别人指责你的话，那说明你身上有让人不满意或者不足的地方，可能是做事情的方法不对，也可能是自身的德行修为不够。所以，在这样的时候，人应该虚心接受别人的指责，把这个当成是一种指点和教育，有时候也会因此找到正确做事情的方法，提升自己的德行。

莫与人辩

又闻而不怒，虽谗焰薰天，如举火焚空，终将自息；闻谤而怒，虽巧心力辩，如春蚕作茧，自取缠绵。怒不惟无益，且有害也。其余种种过恶，皆当据理思之。此理既明，过将自止。

【译文】

听到别人诽谤自己的话而不生气，即便那些诋毁我的坏话像火焰熏天一样炽热，也如举着火，焚烧着天空，最终会自己熄灭；听到别人诽谤自己而生气，哪怕花尽心思去辩解，也将如春蚕吐丝作茧自缚。况且生气对自己不仅没有好处，反而有害。其他的各种过错和罪恶，都应该根据正确的道理来思考。

如果能明白这个道理，过错自然就会消止。

【解读】

有人诋毁和诽谤我们，我们应该怎么办呢？这个时候我们一定要镇定，不要生气发怒，更不要急着去辩解或者是反驳。只要做到了打不还手、骂不还口，不去想那些东西，时间一长，那些诽谤和诋毁自然就消失了，无论诽谤和诋毁多么严重都是一样的。这就好比是有人拿着火把想要焚烧天空一样，最后的结果肯定是火把自己熄灭，而天空依然还是那个天空。

别人诽谤和诋毁我们，就相当于用诽谤和诋毁作为原料点燃了一把火，这个时候，只要我们不去反驳和辩解，那就等于没有继续往这把火上加可燃物，时间长了这把火也就熄灭了，那么别人对我们的诽谤和诋毁也随着这把火的熄灭消失了。

或许有人会说，就算我们不去给这把火添加可燃物，难道诽谤和诋毁我们的人就不会去添加吗？想想，有什么东西能够反反复复地燃烧吗？那些对我们的诽谤和诋毁，烧一次也就没了，怎么可能还能再烧一次呢？所以说，那些对我们的诽谤和诋毁，只要我们不去理会，终究是会自己消失的。正所谓“清者自清”，任何的流言蜚语都有不攻自破的一天，只要我们坚持做自己，不去管那些莫须有的事情，那些诽谤和诋毁就不会影响到我们。

了凡先生认为，如果人们对于别人的诽谤和诋毁进行辩解和反驳的话，就相当于春蚕吐丝作茧把自己困住一样，消耗了自身的精力，还不能给自己带来一星半点的好处。人们去辩解和反驳那些诽谤和诋毁，要搭上自己的精力和时间，同时还不见得能解决问题，越描越黑的可能性倒是更大一些，这不就是给自己找麻烦吗？

从心上改过

何谓从心而改？过有千端，惟心所造；吾心不动，过安从生？学者于好色、好名、好货、好怒，种种诸过，不必逐类寻求，但当一心为善，正念现前，邪念自然污染不上。如太阳当空，魍魉潜消，此精一之真传也。过由心造，亦由心改，如斩毒树，直断其根，奚必枝枝而伐，叶叶而摘哉？

【译文】

什么叫从内心改正过错呢？人所犯的过错有千千万万，都是从自己的内心产生的；如果我们的心不动任何念头，那么过错怎么会产生呢？有志于学习此法的人，对于贪爱女色、追逐名利、贪求财物、喜欢发怒等种种过错，不必每种都去考查戒除的方法，只要能够保持一心向善、保持自己一直拥有正直的观念，自然就不会被邪念所影响。就像炽热的太阳悬挂在天空，所有鬼怪都不敢出来，这便是最精纯的修心改过之法。过错是由自己的内心所产生的，也应该从内心来改正，就如同要砍伐一棵毒树，应直接砍断它的根部，又何必一根枝条一根枝条地去砍、一片叶子一片叶子地去摘除呢？

【解读】

了凡先生认为，人在这个世界上所犯下的过错是多种多样的，但是所有的原因都在于人的内心。所有过错的发生，都是因为人在心中产生了妄念，正是在妄念的支配下，人们才做出错误的事情，其实可以理解为先有思想才有行动。如果人的心中没有产生妄念，那行为上也就不会产生过错。

中国有一句古话叫作“相由心生，境随心转”，佛教典籍《华严经》中也有“应观法界性，一切唯心造”的说法，重点就是这句“一切唯心造”。既然所有的错误都是由于内心产生了妄念造成的，那么想要改掉自身的过错就需要保持内心清净。只要人能够做到内心清净，什么都不想，那么就不会产生妄念，自然也就不会犯错误。

了凡先生以读书人作为例子，认为有的读书人可能有贪爱女色、追逐名利、贪求财物、喜欢发怒等各种各样的过错。对于这些过错，了凡先生认为根本不用一项一项地去改正，只要能够一心一意地去做善事，使自己的内心清净，然后等光明正大的念头在心头涌现，妄念自然就不会产生了，这些过错自然也就都不会再犯。

修心为上

大抵最上治心，当下清净；才动即觉，觉之即无。苟未能然，须明理以遣之；又未能然，须随事以禁之；以上事而兼行下功，未为失策；执下而昧上，则拙矣。

【译文】

大体来说，最高明的改过方法，是从自己的内心改正过错，当时就能使内心变得清净；心里刚刚出现了一个恶念，立刻就能察觉出来，察觉之后便能立即打消这个念头。如果达不到这种境界，就必须明白其中的道理，以此来打消自己邪恶的念头；如果连这样也做不到，那就必须在做恶事时，用强制的手段禁止自己犯错；用高明的从心止恶的方式，再加上理解改过的道理和禁止自己做恶事这两种不高明的方式，不能说这不是一个好的办法；如果只知道不高明的办法，而对上乘的方法不清楚，那便是愚蠢的。

【解读】

了凡先生认为，从心里去改正自己的过错才是改错的最好方法，因为从心里改正，能够使一个人的内心变得清净，起到立竿见影的效果，因为心里清净没有妄念的人基本上是不会有过错的。

“才动即觉，觉之即无”的意思是每当在心里产生了妄念的时候，人就能够立刻察觉出来，然后马上让这种念头消失，这样过错自然就不能够产生了。其实这句话说的还是从心里改正自己的过错的好处，也相当于再一次强调从心里改正自己的过错才是最正确的改错方法。“才动即觉”，这里的动指的是心动，心动就是人的心里面产生了妄念。大家都知道，一旦人产生了妄念，那么内心也就不再清净了，一旦内心不清净，那么就有可能产生各种各样的想法，包括善念和恶念。

那么，怎样才能够保持自己的内心不产生妄念呢？一旦受到了外部世界的影响，人就必然会产生这样或者那样的念头，这就说明一个人想要永远都不产生妄念是不可能的。想要摒除妄念，必须处处留神，一旦心中产生妄念，就应该马上觉察。

这需要人时刻保持着内心的敏感性，能够在妄念形成的最初就察觉到，然后立刻将刚产生的妄念去除，这样就不会犯错，也不会做恶事、造恶业了。

当然，从心里改正自己的过错是十分艰难的，毕竟妄念这种东西可以算作人们最初、最原始的欲望，这种东西有时候根本不受人的控制。但是不可否认，也正是因为艰难，所以从心里改正自己的过错才能成为人改过的最高境界。

如果做不到从心里改正自己的过错该怎么办呢？了凡先生给出了自己的建议："苟未能然，须明理以遣之。"这里的意思是说如果做不到在心里刚产生妄念就能够察觉到并将其扼杀，那么就应该退而求其次，在犯了错误之后仔细地想清楚其中包含的道理，然后从道理上改正自己的过错。也不能排除有些人连自身所犯的错误里面包含的道理都想不明白，这样的人就更不能够指望他可以从心里改正自己的过错了。遇到这样的情况该怎么办呢？了凡先生认为"又未能然，须随事以禁之"，意思是说如果连从道理上改正自己的过错都做不到的话，那么就只能够在发现自己犯了错误之后，强制自己把这个错误改正。

因此，如果可以，人在改正自己所犯的错误的时候最好是能选用高级一些和效果更好的办法，不要去管难度的问题，这也是了凡先生说"执下而昧上，则拙矣"的原因。从哲学的观点来说，这就是一个表象和本质的问题。如果有能力的话，解决问题当然要从本质上入手才最有效果，从表象上入手，没有办法改变本质，当然也就没有办法彻底地解决问题。

改过效验

顾发愿改过，明须良朋提醒，幽须鬼神证明。一心忏悔，昼夜不懈，经一七、二七，以至一月、二月、三月，必有效验。或觉心神恬旷；或觉智慧顿开；或处冗沓而触念皆通；或遇怨仇而回嗔作喜；或梦吐黑物；或梦往圣先贤，提携接引；或梦飞步太虚；或梦幢幡宝盖：种种胜事，皆过消灭之象也。然不得执此自高，画而不进。

【译文】

如果发愿改正过错，明里需要贤良的朋友监督提醒，暗里需要鬼神来证明。一心一意虔心悔过，白天夜晚都不能懈怠，经过七天、十四天，甚至一个月、两个月、三个月，一定会有效验。有时候会觉得心神淡泊旷达；有时候觉得聪明才智一下子都涌现出来；有时候身处烦冗琐碎的事情当中，所有想法也都能变得清楚明白；有时候遇到以前结的冤家仇人，竟然也能将怨恨转为欣喜；有时候梦见将肚子里的污秽之物全吐了出来；有时会梦见古圣先贤对自己进行提携和引导；有时候梦见翱翔在太空之中；有时候梦见得道者所用的旌旗：这些殊胜的事，都是罪过消除的征兆。不过也不能因此而自以为是，画地为牢而不再进步。

【解读】

这里，了凡先生对改正过错的条件做了一个补充。在前面，了凡先生讲述了改正过错需要的三个条件，即羞耻心、敬畏心和勇猛心；同时，了凡先生指出了改正过错的三种方法，即从事情上改过、从道理上改过和从心上改过。但是，之前了凡先生说的这些，全部都可以算作改正过错所需要的内部条件，即人想要改正过错自身应该满足的条件。但是，在改正过错这个问题上，只是具备了内部条件是不够的，还应该具备外部条件。而了凡先生在这里补充的就是外部条件，那就是“明须良朋提醒，幽须鬼神证明”。

外部有了亲戚朋友的帮助和天地鬼神的监督提醒，人要做的事情就是马上去改正自己的过错。只要人能够放下一切身外事物，一心一意地去忏悔自己的罪过，发誓改过，并且坚持不懈，一刻也不放松地坚持下去，经过七天、十四天，甚至一个月、两个月、三个月，那么人就能够发现改过的效果。

了凡先生描述了改过的效果：“或觉心神恬旷……或梦幢幡宝盖……”这些心情和状态，都是一个人改过之后的表现。比如“梦吐黑物”这件事情。其实，这里的黑物我们可以理解成自己以前犯过的错误或者积攒下来的罪业，在改过一段时间之后，罪业逐渐地减少，错误也逐渐地改正，而吐黑物其实就是这两种行为直观的表现。

其实，不论是心旷神怡、智慧顿开这样的感觉，还是梦到幢幡宝盖、口吐黑物、足步虚空这样的事情，都是非常好的征兆。这些都在证明人的罪业正在减少、错误正在改正。为什么会出现这样的效果呢？这就是我们常说的因果关系的原理。因为有坚持改过这样的原因，所以产生了这些好的感觉或者是梦境这样的结果。

奋发自新

昔蘧（qú）伯玉当二十岁时，已觉前日之非而尽改之矣。至二十一岁，乃知前之所改，未尽也；及二十二岁，回视二十一岁，犹在梦中。岁复一岁，递递改之。行年五十，而犹知四十九年之非。古人改过之学如此。

吾辈身为凡流，过恶猬集，而回思往事，常若不见其有过者，心粗而眼翳也。然人之过恶深重者，亦有效验：或心神昏塞，转头即忘；或无事而常烦恼；或见君子而赧（nǎn）然相沮；或闻正论而不乐；或施惠而人反怨；或夜梦颠倒，甚则妄言失志：皆作孽之相也。苟一类此，即须奋发，舍旧图新，幸勿自误。

【译文】

春秋时期卫国的蘧伯玉二十岁时已经能够察觉出以往所犯的过错，并且全部改正。到了二十一岁，他才知道以前的过错未完全改掉；到二十二岁，回头看二十一岁时所做的事，感觉好像还在梦中一样。年复一年，连续不断地改正过错，等到了五十岁的时候，他仍然清楚自己四十九岁那年尚未改正的过错。古人改过的态度就是如此。

像我们这种凡夫俗子，做过的恶事太多，当回想往事的时候，我们常常看不见自己做过的错事，粗心大意，就像得了白内障一样看不清楚自己的过失。然而，凡是罪孽深重的人，也会有一些征兆：有的人心神昏乱不明，失志健忘；有的人即便没有什么事情，也时常烦恼；有的人遇见品德高尚的人却显出羞愧的样子，并且很沮丧；有的人听到圣贤之道却显得不高兴；有的人施加恩惠给别人，反而遭到别人的怨恨；有的人夜里会做一些噩梦，甚至语无伦次、精神失常。这些都是做了坏事之后的反应。如果出现这样的情况，应该振作精神，舍弃过去不好的行为，改过自新，千万不要耽误了自己的前程。

【解读】

蘧伯玉是春秋时期卫国的大夫，共经历了卫献公、卫襄公和卫灵公三朝，在当时是以贤德之名而闻名于诸侯的。他品德高尚，做人光明磊落。蘧伯玉死后谥号成子。据说孔子在周游列国走投无路的时候，曾经数次投奔蘧伯玉，他称赞蘧伯玉是真正的君子——君王有道，则出仕辅政治国；君王无道，则心怀正气，归隐山林。

《论语·宪问篇》记载：“蘧伯玉使人于孔子，孔子与之坐而问焉，曰：‘夫子何为？’对曰：‘夫子欲寡其过而未能也。’使者出，子曰：‘使乎！使乎！’”这段话的意思是说，有一天，蘧伯玉派人来拜望孔子，孔子向来人询问蘧伯玉的近况，来人回答说：“他正设法减少自己的缺点，可却苦于做不到。”来人走后，孔子对弟子说：“这是了解蘧伯玉的人啊。”其实这句话就已经充分地表明了蘧伯玉的自我反省精神。

当人改错到了一定程度的时候，就会出现某种预兆或者说是反应，而当人的罪业达到一定程度的时候也会在现实生活中表现出来。了凡先生列举了几种，这些情况都是人犯了错误之后可能会产生的表现。比如说“无事而常烦恼”，本来是没有什么事情的，那为什么还会产生烦恼呢？其实这就是人的内心有了妄念的缘故。人心中有了妄念，过于执着而不放弃，所以才会感觉到烦恼，而这样的妄念其实就是人犯了过错、有罪业的表现。

了凡先生告诫他的儿子，平时在生活中一定要仔细地观察、反思和检查自己，看看是不是有这些情况发生，如果有，就说明自身犯了某些错误，这个时候一定要把自己所犯的错误找出来，然后改正，这样做才是最正确的方法。如果发现了那些情况，但是不去改正，那一定会耽误自己的前程。

第三篇 积善之方

积善之家

《易》曰:“积善之家，必有余庆。”昔颜氏将以女妻叔梁纥(hé)，而历叙其祖宗积德之长，逆知其子孙必有兴者。孔子称舜之大孝，曰:“宗庙飨(xiǎng)之，子孙保之。”皆至论也。试以往事征之。

【译文】

《易经》上说:“积德行善的家族，必定有很多吉庆之事。”从前颜氏把女儿嫁给了孔子的父亲叔梁纥，只是因为打听到他的先祖积德行善，从而预言他的子孙中一定会出现出人头地的人。孔子称赞舜的大孝，说:“舜将来一定会得到子孙们在宗庙的祭祀，子孙也会保住他的福德。”以上的论断都是至理之言。可以试着用以前的事情来加以验证。

【解读】

“积善之家，必有余庆；积不善之家，必有余殃。”这句话明确地论述了福祸的产生与积德行善之间的关系。

古人认为，人们所经历的和将要产生的福祸都与人们的所作所为有着密切的关系。无论是福还是祸，都不会无缘无故降临到人们的身上，正所谓善恶到头终有报，不是不报，时候未到。一个人积德行善必然会带来天大的福气，恶贯满盈也自然会导致天大的灾祸降临。即使福祸没有降临在自己的身上，也会在子孙后代身上有影响。

了凡先生列举了两个古代的例子。

第一个是孔子的父亲。孔子母亲的父母把她嫁给孔子的父亲时，看的不是孔子父亲的贫穷富贵或者是知识文化水平等，而是考察了孔子的先祖所做的积德行善的事，才做的这个决定。了凡先生通过孔子的成就，再联系孔子祖辈积德行善的行为，反向说明及教育后人“积善之家，必有余庆”的道理。

第二个是孔子对舜的评价。舜是一个品德高尚的人，以孝道著称于世，很受儒家推崇。传说中，舜早年丧母，后来舜的父亲又娶了一个女人，并生下了一个男孩。但是在一家四口中，父亲、继母以及同父异母的弟弟都把舜当成了眼中钉、肉中刺，三番五次地想要把他置于死地。只是多次谋害都没有成功。对于一般人来说，如果有人这样对待自己，早就心生怨恨，甚至可能会想尽一切办法进行报复了。但是舜没有这样做，无论他的父亲、继母以及弟弟怎样地蓄意谋害他，他都毫不在意，也毫无怨恨，对父亲和继母依然十分恭敬、孝顺，对弟弟也是呵护有加。舜以德报怨的至孝行为感动了帝尧，帝尧把首领之位禅让给了舜，还把自己的两个女儿嫁给了他。

纵观中国古今，凡是在历史上品德高尚起到表率作用的，或者是有功于国家或人民的，都会得到人们的尊敬。对于这样的人，后人或为其树碑立传来颂扬，或者是建祠修庙来祭奠。舜既然能够“宗庙飨之”，说明他的德行足以影响到后人，对后人的行为准则起到了一个表率作用。舜因为道德高尚而被后人所铭记。佛教认为，道德是一种力量，是真实存在的东西。那舜的道德力量的最大获益者是谁？是他的子孙后代。同样的道理，孔子的后人也是世代不衰，十分兴旺。

了凡先生认为，孔子和舜能够取得那么大的成就，他们的后人能够兴旺不衰，就是因为他们自身的积善行为或者是先祖有积善行为。因此了凡先生教育儿子，要注重自己的品德，多做善事，即使不为自己，也要为自己的后代着想。

阴功福报

杨少师荣，建宁人，世以济渡为生。久雨溪涨，横流冲毁民居，溺死者顺流而下，他舟皆捞取货物，独少师曾祖及祖，惟救人，而货物一无所取，乡人嗤其愚。逮少师父生，家渐裕。有神人化为道者，语之曰："汝祖父有阴功，子孙当贵显，宜葬某地。"遂依其所指而窆（biǎn）之，即今白兔坟也。后生少师，弱冠登第，位至三公，加曾祖、祖、父，如其官。子孙贵盛，至今尚多贤者。

【译文】

太子少师杨荣是福建建宁人，祖祖辈辈都是靠摆渡为生的。有一次，一连下了很多天的大雨，使得河水上涨，当河水冲毁房屋的时候，有淹死的人顺着河流漂下，别的船只都只顾着捞取从上游漂下来的货物，只有杨荣的曾祖父和祖父在打捞落水的人，没有捞取一点货物，同乡的人都嘲笑他们愚蠢。等到杨荣的父亲出生，他们家就渐渐富裕了起来。有一个神仙化身成为一个老道对杨荣的父亲说："你的祖父和父亲积德行善，有阴功，子孙当尊贵显赫，应该把他们埋葬在某个地方。”杨荣的父亲依照老道的指示地点下葬，就是现在的白兔坟。后来杨荣的父亲生了杨荣，杨荣二十岁中了进士，后来位列三公，他的曾祖父、祖父、父亲也都追封了官爵。他的子孙尊贵兴盛，一直到现在仍有很多贤能的人。

【解读】

了凡先生说的杨荣，按照历史记载，应该指的是明初的内阁首辅。从古到今，能力出众的人都是有很多的，为什么能当上大官的只有那么几个？为什么杨荣当上了内阁首辅呢？了凡先生认为，凡是位极人臣的人，最终都要依靠阴德。如果没有祖辈所积累的阴德，人是不可能登上显贵位置的。

杨荣能当上内阁首辅，不仅是因为杨荣的才德优秀，很大一部分原因是杨荣的祖辈积德行善，是他们所积攒下的阴德最终把杨荣送上了内阁首辅的位置。了凡先生通过一件事情说明了杨荣的祖上把积德行善放在了首位。

杨荣的家在建宁，祖辈都是靠摆渡维持生计。由此可见，杨荣祖辈的家境并不富裕，甚至说是勉强度日。一次，一连多日的大雨使得河水暴涨，冲毁了民房，淹死的人和各种金银财货顺着河流漂下。财货既然已经顺着河流漂下，说明这些财货已经是无主之物了，不再属于任何人。无论是古代还是现代，唾手可得的无主财货对于穷苦百姓来说，都是具有莫大吸引力的。当时的人们也是这么做的，大家纷纷捞取从上游漂下来的财货。但是，杨荣的曾祖父和祖父就是例外。他们没有捞取任何财货，而是只打捞那些从上游漂下来、也许还有生存希望的人。其他人嘲笑他们愚蠢。别人难以理解为什么一个穷人家居然放弃唾手可得的财货而去做一些对自己来说毫无意义的事。在这种时刻，杨荣的曾祖父和祖父高尚的思想品德得到了充分的体现。

早期的道教认为，人的善恶行为，会在后世子孙身上得到报应。就是说，先人如果行善积德的话，那后世子孙一定会得到福气。所以，等到杨荣的父亲出生后，杨家逐渐富裕起来。

这时候，有一个神仙化身成为一个老道对杨荣的父亲说："你的祖父和父亲积德行善，有阴功，子孙当尊贵显赫。应该把他们埋葬在某个地方。"杨荣的父亲依照老道的指示下葬，就是现在的白兔坟。

一块好的风水宝地不是平白无故就能得到的。一般的坟墓风水的好坏，都是自己选择的，为什么杨荣的父亲能得到老神仙的指点呢？就是因为杨家的前几代人一直在积德行善。试想一下，如果当初河水暴涨的时候，杨荣的曾祖父和祖父也像其他人一样，专门捞取河里的财货，那么杨荣的父亲还会得到老神仙指点的风水宝地吗？当然不会。

到了杨荣这一代，杨家前几代人积累的阴德所产生的福报表现了出来。杨荣在二十岁时就中了进士，最后做官做到了内阁首辅的位置。一人之下，万人之上，这是何等荣耀。光宗耀祖，出人头地，但是真正能做到的人却是少之又少，由此可见杨荣需要多大的福气才能做到这一点。

"加曾祖、祖、父，如其官。"或许在我们现代人眼里，追封死人官职是没有任何意义的事情，但是在古代，这可以算是朝廷对官员的最高奖励。同时，这也是有深刻含义的。一方面，是告诫官员，能够取得这么高的成就，是与祖宗积德行善分不开的；另一方面，也是告诫世人，自己多多积德行善，后人也是能够跟着享受到福气的。

救济囚犯

鄞（yín）人杨自惩，初为县吏，存心仁厚，守法公平。时县宰严肃，偶挞一囚，血流满前，而怒犹未息，杨跪而宽解之。宰曰：“怎奈此人越法悖理，不由人不怒。”自惩叩首曰：“上失其道，民散久矣。如得其情，哀矜勿喜。喜且不可，而况怒乎？”宰为之霁（jì）颜。

家甚贫，馈遗一无所取。遇囚人乏粮，常多方以济之。一日，有新囚数人待哺，家又缺米，给囚则家人无食，自顾则囚人堪悯。与其妇商之。妇曰：“囚从何来？”曰：“自杭而来。沿路忍饥，菜色可掬。”因撤己之米，煮粥以食囚。后生二子，长曰守陈，次曰守址，为南北吏部侍郎。长孙为刑部侍郎，次孙为四川廉宪，又俱为名臣。今楚亭德政，亦其裔也。

【译文】

鄞县人杨自惩，最初在县衙里做县吏，他宅心仁厚，守法公平，铁面无私。有一次，县令鞭打一个犯了罪的人，打得那人满脸是血，县令的怒气还是不见一点消散。杨自惩见到这种情况跪下劝解县令不要再生气了。县令说：“这个人干了违法犯罪的事情，怎么能不让人愤怒。”杨自惩一边磕头一边说：

“在上者治理无方，民心涣散已经很久了，如果知道案件的真实情况，就应该怜悯犯人，而非因此高兴。高兴尚且不可，何况发怒呢？”县令听了杨自惩的话后，觉得很有道理，就慢慢变得和颜悦色了。

杨自惩的家里十分清贫，但是别人赠送给他的东西，他从来不收取。每次遇到囚犯缺少粮食吃，他总会想方设法救济他们。有一天，又有多名新来的囚犯没有粮食吃，挨饿了，杨自惩想要救济他们，可是他自己家里也没有存粮了，如果把粮食给新来的囚犯吃，他自己和家人就没有粮食吃了，如果把粮食留给自己吃，又觉得囚犯太可怜。于是杨自惩和他的妻子商量，妻子问他：“那些囚犯是从哪里来的？”杨自惩回答说：“从杭州来的，一路上都是挨饿过来的，现在脸上已经没有一点血色了，面带菜色。”于是夫妻两个就把米煮成粥送给那些囚犯吃了。后来他们生了两个儿子，大儿子叫杨守陈，二儿子叫杨守址，分别任南北吏部侍郎。他们的大孙子任刑部侍郎，二孙子任四川廉宪，都是一代名臣。现在的楚亭德政，也是杨自惩的后代。

【解读】

和严苛的刑法相比，儒家学说更注重德治。孔子说：“道之以政，齐之以刑，民免而无耻。道之以德，齐之以礼，有耻且格。”在中国古代所有儒家圣贤的心中，一个国家统治者存在的最大目的是对天下人民进行养育、教导。“仁义礼智信，温良恭俭让”“修身、齐家、治国、平天下”这些东西不是天生就能存在于老百姓的心中的。百姓们的一举一动，见解、行为、思想、主张、伦理道德、行为准则等都需要统治者一点一点地教导。所以，要想彻底地教育犯人、彻底地让犯人改过自新，就一定要先了解为何犯人会铤而走险，又为什么会干那些触犯法律的事情。

县令并没有因为杨自惩求情就放弃殴打犯人，他认为犯人既然触犯了法律，就应该受到严厉的惩罚；既然制定了法律就要遵守法律。杨自惩不这样认为，他认为“上失其道，民散久矣”，百姓犯罪的原因是统治者的统治出现了问题。百姓犯罪的原因，就是没有人教导他们。那么谁负责教导呢？地方官员，也就是知府、知州、知县这些父母官。杨自惩说得非常清楚，朝廷失道，人民才离心。从某种意义上说，罪犯越多，越证明世道混乱不堪，这是统治者的责任，是朝廷的责任。

经过杨自惩的劝说，县令也明白了。在这种混乱的世道，即使县令再怎么样地维护法律、明朝秋毫，也改变不了什么。就算审明了案情，处置了犯人，那又有什么值得高兴的？政治黑暗，人民生活在水深火热之中，这足以让一个有责任心的官员感到羞愧，还有什么可喜的呢？如果说事情可喜，那是盼望人民犯罪。杨自惩劝谏县令这件事情的结果是“宰为之霁颜”。这说明杨自惩的智慧、德行、见地都十分了不起。

除了替犯人求情之外，杨自惩还做了很多善事。他不忍心看到犯人没饭吃，所以宁可自己和妻子饿着也要把米留给没有饭吃的犯人。杨自惩的家里很穷，也就勉强能保证个温饱。但是，别人送的东西他却什么都不收。

杨自惩为善虔诚，用心积累阴德，数十年如一日，最后得到的结果是什么呢？杨自惩有两个儿子，大儿子杨守陈和小儿子杨守址分别为南北吏部侍郎。杨自惩的两个孙子，大孙子是刑部侍郎，小孙子是四川廉宪。杨德政这位朝廷大员，从家谱上面去查找，也是杨自惩的后代。

其实，重要的不是杨自惩一家的显贵结果，而是应该弄清楚杨自惩一家获得显贵的原因——他们一家广积善缘和阴德，这才是关键。

全活万人

昔正统间，邓茂七倡乱于福建，士民从贼者甚众。朝廷起鄞县张都宪楷南征，以计擒贼。后委布政司谢都事搜杀东路贼党。谢求贼中党附册籍，凡不附贼者，密授以白布小旗，约兵至日插旗门首，戒军兵无妄杀，全活万人。后谢之子迁，中状元，为宰辅；孙丕，复中探花。

【译文】

明英宗正统年间，邓茂七在福建造反，有很多士人百姓都跟着他一起作乱。朝廷起用鄞县的都御史张楷，让他到南方征讨贼寇，张楷用计抓住了反贼头领邓茂七。后来又派了布政司谢都事去搜捕斩杀东路的贼人。谢都事不想乱杀无辜，于是他想办法找到了反贼的名册，凡是没有在名册中留下姓名的，就暗中发给他们一个白布旗子，并且和他们约定等到大军到来的时候把旗子插在门口，谢都事严令禁止士兵滥杀无辜，此举拯救了上万人的性命。后来谢都事的儿子谢迁，在科举中考中了状元，官至宰相；他的孙子谢丕，考中了探花。

【解读】

邓茂七佃农出身，勇悍自智，是明代中叶起义军首领，他带领的起义军人数一度达到了八十多万，控制了大半个福建，二十多个州县，还攻破江西石城、瑞金、广昌等地。

发生了这么大规模的农民起义，大明王朝的统治者最开始的态度是招安、招抚，希望能通过和平的手段来解决问题。但是邓茂七不仅拒绝招安，还杀死了朝廷派来招安的使者。这下子，明英宗彻底愤怒了，颁下圣旨给张楷，让他不惜一切代价剿灭邓茂七叛军。

张楷认为，所谓的农民起义，只不过是一群吃不饱饭的人造反而已，这支队伍终究不算正规军。八十万人的队伍不可能是铁板一块，所以肯定有人会被收买。果不其然，张楷收买了邓茂七身边一个叫罗汝先的人。由于被叛徒罗汝先引诱，邓茂七率兵进攻延平。起义军在路上被明军埋伏的火铳、火炮等突袭，邓茂七和一些起义军的主要将领当场战死。

邓茂七等人战死后，起义军的形势急转直下，很快就失去了对统治者的威胁。虽然还有几十万起义军躲在城中需要剿灭，但张楷也知道想彻底消灭这几十万人很麻烦。同时，他认为自己已经完成了圣旨上的任务，于是他把剿灭剩下起义军的事情交给了布政司谢都事。

谢都事这个人虽然官职不大，但是非常善良，也非常聪明。他接到的命令是对起义军斩尽杀绝，那就可以理解为凡是和起义军沾上一点关系的人都应该被处死。但是谢都事不想这样做，他认为只要没有参与叛乱那就没有罪，不应该算在斩尽杀绝的行列。虽然他不想杀错人，但是害怕执行任务的官兵滥杀无辜，于是他就想了一个办法。

谢都事通过名册，找到了那些不属于起义军的人，暗中发给他们白旗，约定官兵杀人的时候将白旗插在家门口，这样官兵就不会杀错人了。通过这个办法，谢都事保全了一万多名无辜百姓的性命。

种善因才能得善果，这是很有道理的。善恶往往就在人的一念之间。一个人大权在握的时候，往往也是最应该小心的时候，因为这个时候，一不留神就会作天大的罪孽；而善念一动，便是无量的功德。就像谢都事的处境一样，手握数万人的生命，只要他动动嘴，所有该死的和不该死的都会死去。如果他这样做了，那么就会有一万多无辜百姓丧命，那么他的罪孽和恶行就非常大了。但是，儒家学说中的仁治思想和他心中存在的善念没有让他这样做，而是让他保住了这一万多人的生命，成就了他的功德。

谢都事的儿子谢迁，后来在弘治时期成为宰相。谢丕——谢都事的孙子，中了探花之后，任职吏部左侍郎。

谢家能够如此显赫和富贵，是怎样得来的？当然就是当年谢都事怀着一颗慈悲心，拯救了上万百姓的生命换来的，这正是莫大的功德。古代人讲究因果报应，天理循环，谢都事积德行善攒功德，谢家后代兴旺发达，正是这个道理，同时也是“积善之家，必有余庆”的又一有力证据。

林母好善

莆田林氏，先世有老母好善，常作粉团[1]施人，求取即与之，无倦色。一仙化为道人，每旦索食六七团。母日日与之，终三年如一日，乃知其诚也。因谓之曰："吾食汝三年粉团，何以报汝？府后有一地，葬之，子孙官爵，有一升麻子之数。"其子依所点葬之，初世即有九人登第，累世簪（zān）缨甚盛。福建有"无林不开榜"之谣。

【译文】

福建莆田一个姓林的家族，祖辈中有一个老太太很喜欢做善事，她经常制作粉团施舍给人吃，只要有人向她要，她就会给人家，从来没有表现出厌倦的样子。有一个仙人变身成道人的样子，每天向她索要六七个粉团。林老太太每天都给他，坚持了三年都没有改变，仙人便知道了林老太太是真心做善事的。仙人对她说："我吃了你三年的粉团，应该怎么样报答你呢？你们家后面有一块地，如果你死之后埋葬在那里，那么你的子孙后代能做官的人，将会有一升芝麻粒那么多。"林老太太死后，儿子按照指点埋葬了她，第一代后人中就有九个人考取了功名，之后的每一代都有很多当官的人，家族十分兴盛，以至于现在福建有"无林不开榜"的民谣流传。

---

① 粉团：用糯米制成，外裹芝麻，置油中炸熟，犹今之麻团。

【解读】

林老太太用她坚持不懈的善行把仙人感动了，由此可见她的功德是多么深厚。那么仙人想要报答林老太太为什么不给她一些东西作为礼物直接报答呢？为什么给林老太太安排了一个好的墓地呢？这里面有两方面的原因。

第一，林老太太的功德巨大。像她这样有这么大功德的人，仙人要是随便地报答她，是不够的。所以，她的功德应该延续到她的子孙后代身上。

第二，古人对于风水问题很看重。古人认为，把祖宗及父母的遗体安葬在一个风水好的坟墓当中，这样既可以使子孙后代尽孝，又可以产生福泽绵延到子孙后代身上，保佑子孙后代兴旺发达。所以上至皇帝，下至百姓，对坟墓安置地点的风水都格外重视。因为他们认为一块风水宝地可以保佑王朝的繁荣昌盛和子孙的兴旺发达。

所以，仙人给林老太太找到了一块风水宝地作为她死后的埋葬之地，这是对林老太太积累了那么大功德的最好回报，因为这是让她的子孙后代和她的家族都能长期受益的事情。

经过仙人的指点之后，林老太太的家族和她的子孙后代是不是得到好报了呢？了凡先生给出了肯定的答案。林老太太被埋葬在仙人指定的地方之后，她的第一代后人中就有九个人考取了功名。而且，林老太太后人的福报并不是出了这九个人考取功名就结束了，她的后代子孙中不停地出现官员，由此可以看出林家十分兴旺发达。到后来，甚至连百姓都认定了林家的地位，要不然怎么会有民谣说没有林家人参加的科举考试就不值得开考呢？

救人一命

冯琢庵太史之父，为邑庠生[①]，隆冬早起赴学，路遇一人，倒卧雪中，扪（mén）之，半僵矣，遂解己绵裘衣之，且扶归救苏。梦神告之曰：“汝救人一命，出至诚心，吾遣韩琦为汝子。”及生琢庵，遂名琦。

【译文】

冯琢庵的父亲为县学生时，有一年深冬早晨起来上学，在路上遇到了一个倒在雪地里的人，伸手摸了一下，身体已经半僵了。冯琢庵的父亲把自己的棉衣脱下来穿在那个人身上，并且把他带回家救醒了。晚上梦见神仙告诉他：“你救了别人一命，并且是真心实意的，我派韩琦投胎到你家做你的儿子。”等生了冯琢庵，就给他取名叫冯琦。

【解读】

冯琢庵，姓冯名琦，字用韫，琢庵是他的号。冯琢庵是明朝万历五年（1577）的进士，当过翰林院编修、礼部右侍郎、礼部尚书等官职。可以说，他在当时的朝廷里是地位很重、很有分量的一个人，就连万历年间朝廷的内阁首辅张居正也评价冯琢庵为“国器”。冯琢庵能够取得那么大的成就和那么高的地位只是他自己努力的结果吗？当然有一部分原因是他自己努

① 庠生：明清两代府、州、县学的生员别称。

力并把握住了机会，还有另一个原因就是冯琢庵的父亲早年间行善积德。

冯琢庵的父亲当年也是一个读书人，并且还是县学里的秀才。在一个冬天的早晨，冯琢庵的父亲和往常一样去学校读书的时候，发现有一个人躺在雪地里面不动了。冯琢庵的父亲摸了一下，发现那个人已经冻僵了，他什么都没想，马上把自己的棉衣脱了下来给那个人穿上，然后把那个人扶到自己的家中去救治，很快就把那个人救醒了。

冯琢庵的父亲是出于诚心救人的，他做了一件善事，而且是一件大善事。他获得的好处很大——天赐麟儿。神仙赐给了冯琢庵的父亲一个儿子，神仙连孩子的前身都告诉了冯琢庵，那就是这个孩子是韩琦转世。

韩琦，字稚圭，北宋政治家、著名将领。韩琦从小就有大的志向，他发奋读书，学问过人，长大后进入仕途，担任过扬州、相州、定州等多个州的知府，最高官至宰相。他与北宋另外一位大臣范仲淹一起主持过“庆历新政”，在当时治理蜀地、征讨西夏和庆历新政中都有杰出的贡献，可以说是一位对北宋贡献巨大的杰出政治家。神仙把这样一个杰出的人才赐给冯琢庵的父亲当儿子，这说明他儿子未来的成就——一代名臣——已经摆在那里了，这是多么光宗耀祖的一件事情。

因为是神仙赐给的儿子，所以冯琢庵的父亲生了冯琢庵后为其取名冯琦。后来冯琦在朝廷做官做得很大，真的可以和北宋时期的韩琦相媲美。冯琦光耀门楣、光宗耀祖，这都要感谢冯琢庵的父亲真心行善，救人一命。

卖地救人

台州应尚书，壮年习业于山中。夜鬼啸集，往往惊人，公不惧也。一夕闻鬼云："某妇以夫久客不归，翁姑逼其嫁人。明夜当缢死于此，吾得代矣。"公潜卖田，得银四两，即伪作其夫之书，寄银还家。其父母见书，以手迹不类，疑之。既而曰："书可假，银不可假，想儿无恙。"妇遂不嫁。其子后归，夫妇相保如初。

公又闻鬼语曰："我当得代，奈此秀才坏吾事。"旁一鬼曰："尔何不祸之？"曰："上帝以此人心好，命作阴德尚书矣。吾何得而祸之？"应公因此益自努励，善日加修，德日加厚。遇岁饥，辄捐谷以赈之；遇亲戚有急，辄委曲维持；遇有横逆，辄反躬自责，怡然顺受。子孙登科第者，今累累也。

【译文】

台州的应大猷尚书，年轻时在山中学习。山中晚上经常有鬼怪聚集，出来吓人，但是应公一点也不害怕。一天晚上他听见鬼说："一个女人的丈夫出门在外很长时间了都没有回来，她的公公和婆婆逼着她嫁给别人。明天夜里她就要在这里上吊而死了，到时候我就能找到替身了。"应公悄悄把自己的田地卖掉，一共得到了四两银子，然后以那个女人丈夫的名义写了一封信回家，并附带了四两银子。男人的父母看了这封书信后，认为和以前的信笔迹不一样，因此十分怀疑。但是又一想："书信可以造假，但银子不可能是假的，我的儿子一定没什么事情。"于是那个妇女就不用改嫁了。之后那个男人回到家中，夫妻二人和以前一样相爱。

后来应公又听见那个鬼说："本来我已经找到好的替身了，没想到却被这个秀才坏了我的好事。"旁边一个鬼说："那你为什么不祸害他呢？"那个鬼说："上帝说这个人的人品很好，所积累的阴德已经足够做到尚书的位置了，我怎么能害得了他呢？"应公因此更加地努力，善事一天又一天地去做，功德也在一天又一天地增加。遇到荒年的时候，他捐献粮食用于赈灾；遇到亲戚有危难的时候，他会想尽一切办法来帮人家渡过难关；遇到有人蛮不讲理地批评他的时候，他从来都是从自己身上找原因，对于别人的批评很愉快地接受。他的子孙中考取功名的，至今连绵不绝。

【解读】

应大猷，字邦升，明朝正德九年（1514）进士，后担任南京刑部主事，并参与平定宁王之乱。嘉靖年间担任过吏部右侍郎，最终官至刑部尚书。他为官清廉，乐善好施，即便在富庶之地做官也从不贪任何东西，深得民心。

应大猷能够考中进士，并且做到刑部尚书那样的大官，说明他是有真才实学的，也说明他年轻时读书一定很刻苦努力。当然，事实也是这样的。应大猷在年轻的时候就已经在山中努力地读书了。

使那个女人的家庭保持完整，保持和睦幸福，此举产生的功德是很大的。当然，功德是由应大猷获得了。但是，应大猷做这件事的时候并不是为了获得功德，他只是真心同情和怜悯那个女人，所以才会不计较个人的得失，偷偷地帮助那个女人，这完全是出于一片善心。救完人后，应大猷该读书还是继续读书，没有因为救人而沾沾自喜，也没有感觉救人了就应该得到什么回报，只是觉得这些都是自己应该做的。

应大猷破坏了鬼的好事，鬼十分痛恨应大猷，本应向应大猷展开报复。但那个鬼很郁闷地说："不是我不想报复他，只是上帝说这个人心地善良，阴德深厚，很快就能够做尚书了，这样的人我又怎么敢去害他呢？我又怎么能报复得了他呢？"对于有天保护着的应大猷，鬼也是不敢去报复的。

两个鬼之间的对话被应大猷听见了。应大猷这时候才知道，原来他随便做的一件事情居然会引出这么多的结果，并且能给自己带来那么多的好处，他十分高兴。在听到两个鬼的对话后，应大猷觉得自己受到了认同，这说明他做的事情是正确的。因此，他在之后更加努力地积累功德。

虔诚行善、信念坚定的应大猷，最后得到好报了吗？当然得到了，应尚书走到哪里都会受到百姓的爱戴，同时在朝廷里他也是重要的大臣。而且不光如此，由于他太善良了，做的善事也确实够多，所以他的后代也得到了福报。从应尚书的时代到了凡先生的时代，应尚书的子孙考中科举、光宗耀祖的比比皆是。这些都是他积德行善所得到的好报。

凤竹中举

常熟徐凤竹栻，其父素富。偶遇年荒，先捐租以为同邑之倡，又分谷以赈贫乏。夜闻鬼唱于门曰："千不诓，万不诓，徐家秀才，做到了举人郎。"相续而呼，连夜不断。是岁，凤竹果举于乡。其父因而益积德，孳孳（zī）不怠，修桥修路，斋僧接众，凡有利益，无不尽心。后又闻鬼唱于门曰："千不诓，万不诓，徐家举人，直做到都堂。"凤竹官终两浙巡抚。

【译文】

常熟的徐栻，号凤竹，他的父亲一向富有。有一次遇到了荒年，他带头捐了钱，为县里人做了榜样，同时拿出粮食赈灾。夜晚听到有鬼在他们家门前高声大喊："千般不说谎，万般不说谎，徐家的秀才，要考上举人了。"呼喊声一波接一波，一夜都没有停止。当年，徐凤竹果然考中了举人。因为徐凤竹考中了举人，他的父亲更加对积德行善孜孜不倦了，他修桥修路，给僧人布施斋饭，救济穷人，只要是和行善有关的事，他都尽心尽力。后来又有鬼在他们家门前大喊："千般不说谎，万般不说谎，徐家举人，一直做到都堂。"徐凤竹后来果然做到了两浙巡抚。

【解读】

徐栻是明朝的大官，通过科举考试走上仕途，并且最终官至两浙巡抚，可以说他的成就已经很高了。那么，他能取得这么大的成就，都是他自己一个人努力的结果吗？当然不全是，有很大一部分原因是他的父亲行善积德。

每次遇到灾荒之年的时候，徐栻的父亲不仅捐钱，而且把自己家的粮食分给百姓吃，用来帮助他们渡过难关。

徐栻的父亲做这些事情是真心诚意的，他没有要求百姓给他任何回报，他的目的很单纯，只是希望不要死人。这才是真真正正行善、真真正正做善事，这样就会获得数不尽的功德。

功德深厚，会感动天，感动地，甚至是感动鬼神。鬼在他们家的门口说徐栻能够考中举人。等到这一年科举考试的结果出来之后，徐栻果然考中了举人。

徐栻成功地考中了举人，不仅准确地验证了鬼的预言，同时也给了他父亲信心，既然做了善事就能保证徐栻的前途，那如果做更多的善事，徐栻的前途岂不是更远大？徐栻的父亲坚定了自己的想法，因此他行善积德更加积极了。

徐栻的父亲功德越积越多，鬼第二次在他们家门口高唱赞歌，“千不诓，万不诓，徐家举人，直做到都堂”。一个人当上都堂那类的大官，就是朝廷的栋梁之材。一个家庭里出现了一个都堂类的大官，那是家族的荣耀，是一件光宗耀祖的事情。

徐栻最后当上了两浙巡抚。作为两浙的最高长官，徐栻当时在朝廷里地位是很高的，徐家的人一定以徐栻为骄傲。

徐栻能够仕途顺利，光宗耀祖，说明他的福气一定很大，而他福气这么大的原因就是他父亲积德行善。徐栻的父亲不停地行善积德，所以最终才能获得福报，帮助徐栻登上两浙巡抚的位置。所以，行善积德对自己和自己的子孙后代都是很重要的，了凡先生就是教育儿子善不能不修、德不能不积，行善积德的人是一定会有好报的。

有功不居

嘉兴屠康僖公，初为刑部主事，宿狱中，细询诸囚情状，得无辜者若干人。公不自以为功，密疏其事，以白堂官。后朝审，堂官摘其语，以讯诸囚，无不服者，释冤抑十余人，一时辇下[①]咸颂尚书之明。公复禀曰："辇毂（gǔ）之下，尚多冤民；四海之广，兆民之众，岂无枉者？宜五年差一减刑官，核实而平反之。"尚书为奏，允其议。时公亦差减刑之列。梦一神告之曰："汝命无子，今减刑之议，深合天心，上帝赐汝三子，皆衣紫腰金。"是夕夫人有娠，后生应埙、应坤、应埈，皆显官。

【译文】

嘉兴的屠勋，谥号康僖，起初在刑部任主事，经常睡在狱中，细细地询问囚犯的各种情况，发现有好多囚犯都是没有罪而被冤枉的。屠勋并不认为自己在这件事中有什么功劳，他秘密地把这些情况报告给了刑部尚书。后来朝审的时候，刑部尚书挑选了屠勋所提供的内容中的一些事情来询问囚犯，结果囚

① 辇下：指京城。

犯没有一个不服从判决的，释放了被冤枉的无罪之人十多个，一时间京城都称赞刑部尚书明察秋毫，十分英明。屠勋又向刑部尚书禀报说："在京城都有那么多被冤枉而关起来的人，那么全国上下有那么多的地方和千千万万的百姓，难道会没有被冤枉的人吗？我们应该每五年派一名减刑官，到各地核实囚犯犯罪的详细情况，确定犯罪的，要明确定罪；确定无罪的，就要释放。"刑部尚书听了他的奏报后，向皇上禀报了，皇上也同意了他的想法。当时屠勋也是被派出去的减刑官中的一个。屠勋梦到神仙告诉他："你命中注定没有儿子，但是因为你提出了减刑这样的建议，符合天意，所以上天赐给你三个儿子，都官至高位。"当天晚上他的夫人就怀孕了，之后陆续生下了应埙、应坤、应埈三个儿子，最后他们都做了高官。

【解读】

屠勋是明朝时期有名的官员，先后在工部、刑部、大理寺和都察院任职，官至刑部尚书。后来宦官刘瑾专权，屠勋不服从他，遭到打压，辞官回乡。

屠勋在刑部任主事的时候处于明宪宗成化年间，当时太监汪直等人专权，控制军队和官吏的任免，因此导致社会腐败，百姓生活在水深火热之中，在这种情况下是很容易出现各种各样的冤案的。在屠勋和每个犯人都仔细交流过以后，果然发现了很多的冤案。屠勋是一个有慈悲之心和天下为公之心的人，在见到有人因为被冤枉而进监狱时，他就想办法解救这些人，平反这些冤案。

如果能把这些冤案平反肯定是大功一件，但是屠勋身为一个聪明人，是不可能独立去平反冤案的。先不说他一个小小的刑部主事有没有这个能力，就单单是官场上的制度也不允许他独自解决。要知道，在官场中和上司抢功劳可不是明智的举动，更何况还是在朝廷不是很清明时。

屠勋把自己调查出来的事情悄悄地告诉了刑部尚书，让刑部尚书出面去解决这个事情。经过这件事情之后，刑部尚书有了功劳，有了政绩，也有了名声，收获是十分巨大的。纵观整个过程和最终的结果，好像跟屠勋没有什么关系，他没有因为这件事情获得什么好处。如果这样想那就大错特错了，屠勋才是平冤减刑真正的幕后推手，是他先调查处理冤案，也是他提出让刑部尚书查证重新审理的。在这个过程中，他既不图名，也不要利，而是真心地想让那些被冤枉的犯人得到平反、获得自由。他获得的是巨大的功德。

一般来说，从古到今，京城都是一个国家治安最好、生活最稳定、政治最清明、冤假错案发生概率最低的地方，但是现如今在京城屠勋就发现并找出这么多被冤枉而关进大牢的人，那么京城以外的其他地方，冤案就会更多，被冤枉的人也肯定比京城多得多。屠勋决定想办法帮助他们，想办法让朝廷重视并解决京城以外的冤假错案。

屠勋觉得这件事是能得到朝廷认可的，于是他给刑部尚书提出了一个建议。他认为朝廷应该每五年派一名减刑官，到各地去查询囚犯犯罪的详细情况，确定犯罪的，要明确定罪；确定无罪的，就要释放。这个提议如果能够通过就是大功一件，而且提出的人名声也会提高，这些刑部尚书当然能看出来。他知道这个提议很好，实际上他也很想同意这个提议，但事实上他是不能做主的，这个提议必须得到皇帝的同意才行。于是，刑部尚书把这个提议整理成奏章上奏给了皇帝。刑部尚书这个奏章得到了皇帝的批准。之后，朝廷就建立了减刑官这个制度，而屠勋也作为第一批减刑官出去为别人平反冤狱。

在这件事上，屠勋又获得了巨大的功德。为什么这样说呢？因为整件事情最开始是由他提出来的，而最后他又能成为减刑官去为别人平冤减刑。同时，在这个过程中，所有冤案得到平反的人都是间接地受到了屠勋的帮助，所以说屠勋这是救了很多人，做了很大的善事。但是别人又不知道是他救的，所以说他积累了很大的功德。

屠勋做了这么多的善事，积累了这么多的功德，他因此获得了好处。神仙在梦里告诉屠勋说，本来他命中注定是没有儿子的，但是因为他提出了平冤减刑这样的建议，符合天意，所以上天赐给他三个儿子，都官至高位。当天晚上他的夫人就怀孕了，后来陆续生下了屠应埙、屠应坤、屠应埈三个儿子，不但为他延续了香火，并且都做了高官。

崇佛重道

嘉兴包凭，字信之，其父为池阳太守，生七子，凭最少，赘平湖袁氏，与吾父往来甚厚。博学高才，累举不第，留心二氏之学。一日东游泖湖，偶至一村寺中，见观音像，淋漓露立，即解橐（tuó）中得十金，授主僧，令修屋宇。僧告以功大银少，不能竣事。复取松布四匹，检箧中衣七件与之，内

纻（zhù）褶，系新置，其仆请已之。凭曰：“但得圣像无恙，吾虽裸裎何伤？”僧垂泪曰：“舍银及衣布，犹非难事；只此一点心，如何易得。”后功完，拉老父同游，宿寺中。公梦伽蓝来谢曰：“汝子当享世禄矣。”后子汴，孙柽芳，皆登第，作显官。

【译文】

浙江嘉兴有个人叫包凭，字信之，他的父亲是池阳知府，总共生了七个儿子，包凭是最小的，给平湖县的袁家做了上门女婿，他和我的父亲交往很深。他博学多才，但是多次参加科举都没有能够高中，于是便开始留心研究起了佛、道两学。有一天他到东边的泖湖游玩，偶然走进了一个乡间的寺庙，看见里面观音菩萨的塑像在露天之中立着，受着风吹雨打，于是他解开了自己的口袋，从里面拿出十两银子交给寺庙的住持，让他把寺庙修好。但是住持却说，修屋顶的工程太大，这点钱是不可能完成的。于是他又拿出四匹松布，然后从自己的箱子中拿出七件新衣服给住持，他的仆人说还是把衣服留下来自己用。包凭说：“只要观音菩萨的塑像能够不再受到风吹雨淋，我就算赤裸着身体又有什么关系呢？”住持落泪说：“舍弃衣服和银子并不是什么难事，但是能有这样的一份心才是最难得的。”后来寺庙修完后，包凭和我的父亲一起去游玩，留在寺庙中过夜。夜晚，包凭梦见守护神对他说：“你的子孙应该世代都享受高官厚禄。”后来，包凭的儿子包汴、孙子包柽芳都考取了功名，做了大官。

【解读】

包凭这个人，博学多才，知识渊博，又是官员的儿子，所以他奋斗在科举考试这条道路上是理所当然的。但是很可惜，他在考了多次之后还是没有能够考中。一个人想得到的东西再怎么努力都得不到之后，就有可能对这件事情失去兴趣。一旦人对一件事情失去兴趣之后，再强的意志力也是阻止不了他堕落的。而此时的包凭就是这种情况。屡次科举不中，难免在心里对自己产生怀疑，再加上“人的命，天注定”这种思想，他就渐渐对考科举失去了兴趣。既然走仕途入世的道路不通，那么就只能选择出世了，于是他开始沉迷于佛教、道教两派的学说当中。

由于多次考科举都没有高中，因此对入世失去信心的包凭产生了消极避世的心理。在古代的读书人中间，流传着“入则儒法，出则释道”的说法。这句话的意思就是说，想要入世，就要学好儒家的学说和思想，想要出世就要懂得佛教和道教的思想。包凭想要出世，便钻研了一些佛教和道教的知识。也正因如此，下面的事情才能够发生。

有一天，他到东边的泖湖游玩，偶然走进了一个乡间的寺庙，看见里面观音菩萨的塑像在露天之中矗立着，受着风吹雨打。于是他解开了自己的口袋，从里面拿出了十两银子交给了寺庙的住持，让他把露顶的房屋修好。住持却告诉他，这些钱不够，因为工程大。

包凭看不得观音像被风吹雨淋，所以他是真心地想帮住持把房子修好。但是他只是出门游玩而已，本来就没有带多少钱，刚才已经全部给出去了，现在怎么还能拿得出钱来呢？于是他又拿出了四匹松布，然后从自己的箱子之中拿出七件新衣服给住持。他的仆人说还是应该把衣服留下自己用。包凭说，只要观音菩萨的塑像不再受到风吹雨淋，自己就算赤裸着身体也没什么大不了的。宁愿自己不穿衣服也要给观音像修房子，从这里就可以看出包凭做这件事完全就是出于一颗真心。

在寺庙修完后，包凭和了凡先生的父亲一起去游玩，留在寺庙中过夜。夜晚，包凭梦见守护神对他说，他的子孙应该世代都享受高官厚禄。后来的事实证明了守护神的话，包凭的儿子包汴、孙子包柽芳都考取了功名，做了大官。

支家兴盛

嘉善支立之父，为刑房吏。有囚无辜陷重辟，意哀之，欲求其生。囚语其妻曰："支公嘉意，愧无以报。明日延之下乡，汝以身事之，彼或肯用意，则我可生也。"其妻泣而听命。及至，妻自出劝酒，具告以夫意，支不听。卒为尽力平反之。囚出狱，夫妻登门叩谢曰："公如此厚德，晚世所稀。今无子，吾有弱女，送为箕帚妾，此则礼之可通者。"支为备礼而纳之，生立，弱冠中魁，官至翰林孔目。立生高，高生禄，皆贡为学博。禄生大纶，登第。

【译文】

嘉善人支立的父亲，在县衙的刑房里当一个小吏。有一个囚犯无辜受到别人的牵连被判了死刑，支立的父亲很同情他，想要帮助他。这个囚犯对他的妻子说:“支公有替我开罪的心意，我很惭愧，不知道怎么报答他。明天你就邀请他到乡下家中，你用身体侍奉他，如果他能感念这份情意，那么我就有活命的机会。”囚犯的妻子哭着答应了他。第二天支公来了，囚犯的妻子亲自劝支公喝酒，并把丈夫的想法告诉了支公。支公并没有这样做，但是依然想尽办法使囚犯获得释放。囚犯出狱后，和他的妻子登门拜谢支公，说:“像您这样德才出众的人，现在已少有了。现在您还没有儿子，我有一个女儿，不如就让她当你的侍妾，这在情理上是可以说通的。”于是支公准备彩礼迎娶了囚犯的女儿，婚后他们生下了支立，支立年轻时便中了科举，官至翰林院孔目。支立有了支高，支高有了支禄，他们都成了学官。支禄有了支大纶，大纶科举登第。

【解读】

支立的父亲本来只是一个小小的刑房吏，但是他却有着一颗慈悲之心。当得知有一个囚犯因为受到别人的牵连而被判了死刑时，他很同情他，想要帮助他。

支立的父亲想办法救那个死刑犯，死刑犯的妻子认为应该报答他，或许一般人就会顺水推舟地接受了。支立的父亲对于这样一种行为却严词拒绝了，这是为什么呢?

第一，支立的父亲没有任何邪恶的想法。他能依靠自己的良知抵挡住死刑犯妻子的美色诱惑，同时又用自身强大的控制力控制住自己，坚持自己的底线，所以最终拒绝了死刑犯妻子的要求。

第二，支立的父亲道德修养十分高尚。他做事情都是光明正大的，不会去做那种乘人之危、趁火打劫的苟且之事，所以他拒绝了死刑犯妻子主动侍奉的要求。支立的父亲做事情是十分坚持原则的，只要他认为是对的事情他就会去做。而此时，支立的父亲知道死刑犯是被冤枉的，那么就一定要去救他，这是正确的事情，而接受死刑犯妻子的侍奉是错误的。支立的父亲是一个坚持正义的人。对就是对，错就是错，而且错了就要改正。把一个普通人冤枉成死刑犯，这就是错误的，所以他想去纠正这个错误。可能他认为这是他自己的事情，根本不需要别人的报答。所以死刑犯的妻子用身体报答他，他肯定是不会接受的，因为在他的心里没有理由接受，而他救人只是为了坚持心中的正义。

虽然支立的父亲拒绝了死刑犯的妻子，但是还是尽了自己最大的努力去平反冤案，最终成功地把死刑犯救出了监狱。滴水之恩当涌泉相报，再小的恩惠都要努力地去报答，更何况是救命之恩。所以囚犯对支立的父亲说："像您这样德才出众的人，现在已少有了。现在您还没有儿子，我有一个女儿，不如就让她当您的侍妾。"这句话的意思很明显，就是用自己的女儿给支立的父亲当妾室作为对支立父亲的救命之恩的报答。

从前面的事情来看，支立的父亲去救那个死刑犯只是为了坚持自己心中的正义，他没有任何目的，也没有任何想要回报的意思，所以，当面对死刑犯又一次报答的时候，他应该严词拒绝才是。但是支立的父亲却出人意料地接受了。

支立的父亲是根据自己的真实情况答应下来的，他结婚很多年，却没有孩子。既然如此，那再娶一个妾室来传宗接代是顺理成章的事情。

支立父亲的这个妾室给他生下了支立。支立年轻时便中了科举，官至翰林院孔目。支立有了支高，支高有了支禄，他们都成了学官。支禄有了支大纶，他考中了进士。从这里就可以看出来，支立家真的是子孙富贵、兴旺发达。

支立的父亲做了善事，救下了一个人，积累了功德，所以他的子孙后代才能够兴旺发达。

善的分类

凡此十条，所行不同，同归于善而已。若复精而言之，则善有真，有假；有端，有曲；有阴，有阳；有是，有非；有偏，有正；有半，有满；有大，有小；有难，有易：皆当深辨。为善而不穷理，则自谓行持，岂知造孽，枉费苦心，无益也。

【译文】

以上所列举的十条，虽然每个人的行事不同，但都同归于行善。仔细分析的话，行善有真的，有假的；有端正的，有扭曲的；有阴德，有阳善；有正确的，有错误的；有偏善，有正善；有半善，有满善；有大善，有小善；有困难的行善，有简单的行善：这些都应该深入分辨。如果只是做善事而不追求做善事的道理，那就是自己认为是在做善事，哪里知道有可能是在造孽，这样就白白浪费了一片苦心，没有任何好处。

【解读】

了凡先生一连举了十个为善的例子，分别说明善事的种类：一、杨荣的曾祖父和祖父在洪水来临的时候拼命打捞溺水者；二、杨自惩不忍心看到犯人被打得头破血流，同时又可怜吃不起饭的犯人，把自己家里的粮食分给他们；三、谢都事不忍心对反贼斩尽杀绝，想了办法救活了上万人；四、林老太太发放粉团给没有饭吃的人，坚持不懈；五、冯琢庵的父亲看见有人冻僵在雪地，就把那个人扶到家里救醒；六、应大猷没钱，就用卖地的办法筹集钱救了一个想要上吊自杀的女子，后来更是经常在别人有困难的时候帮助别人；七、徐凤竹的父亲在灾年带头不收地租，并且经常做修桥修路、布施斋饭等事情；八、屠勋替犯人平冤减刑并努力使之发展成为一种制度；九、包凭不忍心看到观音菩萨的塑像被风吹雨打，捐赠自己的钱财和衣服修建供奉菩萨的大殿；十、支立的父亲把一个被冤枉的死刑犯从牢里救了出来，并且没有要求任何回报。虽然这些人做的事情是各不相同的，但是他们做的事情带来的结果是相同的，那就是他们每个人的子孙后代都兴旺发达。

为什么他们做的是不同的事情，结果却是相同的呢？归根结底他们做的是同一类的事情，那就是善事。那么行善的目的是什么呢？行善的最终目的是积累功德。有了功德之后呢？积善之家，必有余庆。有了功德之后就能够给子孙后代带来好处，所以他们的后代都有了相同的结果——兴旺发达。

如果没有仔细、全面地分析，就不知道什么才是真正的行善，怎样做才算真正地做善事。如果没有经过认真分析和推理，就去做那些自己所认为的善事，有些时候做出的就不是善行而是恶行了。到时候就会白白地浪费自己的一片苦心，却得不到任何好处。

真善与假善

何谓真假？昔有儒生数辈，谒中峰和尚，问曰：“佛氏论善恶报应，如影随形。今某人善，而子孙不兴；某人恶，而家门隆盛：佛说无稽矣。”

中峰云：“凡情未涤，正眼未开，认善为恶，指恶为善，往往有之。不憾己之是非颠倒，而反怨天之报应有差乎？”

众曰：“善恶何致相反？”

中峰令试言。

一人谓：“詈人殴人是恶，敬人礼人是善。”

中峰云：“未必然也。”

一人谓：“贪财妄取是恶，廉洁有守是善。”

中峰云：“未必然也。”

众人历言其状，中峰皆谓不然。因请问。中峰告之曰：“有益于人，是善；有益于己，是恶。有益于人，则殴人、詈人皆善也；有益于己，则敬人、礼人皆恶也。是故人之行善，利人者公，公则为真；利己者私，私则为假。又根心者真，袭迹者假。又无为而为者真，有为而为者假。皆当自考。”

【译文】

什么是真善和假善？以前有几个读书人去拜见中峰和尚，问他说："佛家说善有善报，恶有恶报，谁都避不开这个道理。现在有一个人经常行善，但是他的子孙却不兴旺；而某人无恶不作，但是其家族十分兴盛：佛说的东西一点根据都没有。"

中峰和尚说："凡人的思想没有经过洗涤，被世俗的见解所迷惑，不能得到正确的见解，所以把真善当作恶行、把恶行当作真善的人一直都有。不怨恨自己把真假颠倒，反而抱怨上天报应吗？"

众人都说："善恶怎么会颠倒呢？"

中峰和尚让他们自己试着说一说。

一个人说："打人、骂人是恶行，尊敬人、礼遇人是善。"

中峰和尚说："不一定。"

一个人又说："不择手段地敛财是恶，奉公守法、廉洁自律是善。"

中峰和尚说："不一定。"

所有人都说出了自己的想法，但是中峰和尚都说不对。大家问他怎么分辨善恶。中峰和尚告诉他们说："做有益于别人的事情，就是善；做有利于自己的事情，就是恶。如果有利于别人，即使打人、骂人也是善；如果有利于自己，即使恭敬人、礼遇人也是恶。所以人做善事，有利于别人就是为公，为公就是真的；有利于自己就是为私，出于私心就是假的。另外，发自内心的行善才是真的，为了模仿别人行善就是假的。做善事不出于某种目的就是真的，出于某种目的就是假的。这些道理都需要你们自己去认真体会。"

【解读】

中峰和尚，就是元代的高僧明本，中峰是他的号。在他二十多岁出家之后，经常是白天干活劳动，晚上诵经念佛，后来终于成为一代高僧。

几个读书人向中峰和尚讨教善恶报应、因果报应的问题。他们一上来就指责佛教所谓的善恶报应和因果报应是无稽之谈，指责佛教就是虚妄的、骗人的。当然，凡事都要讲求证据，不论在古代还是现代，如果想要给一个犯人定下罪名，就必须有足够的证据。这几个读书人是很明白这个道理的，所以他们也准备了证据。

这几个读书人质问中峰和尚："佛教思想宣扬的是善有善报，恶有恶报，这一点是无法改变的。那为什么现在有人经常行善，但是他的子孙却不兴旺；有人作恶多端，但是却家庭兴旺、富贵、发达呢？"在他们眼里，既然佛教说善有善报，恶有恶报，那么多行善事当然应该兴旺发达，而常常做恶事就应该贫穷困苦、受到惩罚。可是现在却是相反的，因此他们有理由去质疑佛教的思想。

他们没有真正地理解佛教的善恶报应和因果报应的道理。佛教所说的善恶报应是和佛教的三世因果说相呼应的。佛教认为："善恶之报，如影随形。三世因果，循环不失。"现在得到这样的结果，是因为前世种下了因，而现在所做的善事或者是恶行，报应要在后世中体现。因此这几个读书人只是根据自己对于佛教说的因果关系的片面理解就来责难，显然是不对的。

虽然明知这几个读书人对佛教思想的理解是片面的，但是中峰和尚并没有直接反驳他们，而是说："凡人的思想没有经过洗涤，被世俗的见解所迷惑，不能得到正确的见解，所以把真善当作恶行、把恶行当作真善的人一直都有。不责怪自己把真假颠倒，反而抱怨上天报应吗？”事实上，大多数人都会因为自己周围的人“行善不得福，作恶不遭殃”而否定佛教善恶报应、因果关系的存在。这就是“凡情未涤，正眼未开”所产生的结果。因此，想要真正地懂得善恶报应和因果报应，就一定要先洗涤思想，擦亮眼睛，懂得什么是善、什么是恶；怎样做是真善、怎样做是假善。

中峰和尚让他们各自举几个例子来说明一下自己眼中的善与恶。每次他们举一个例子之后，中峰和尚就否定他们的说法，但没有举出实际的例子来和他们辩驳。这下子这几个读书人就迷惑了，问中峰和尚为什么老是说他们举的例子不对。

“无为而为者真。”心中放下一切，对一切都不再执着，在这个时候，生起大悲心，生起无量的善心，叫无为而为。意思是说，在做善事的时候不是为了追求什么样的现实目的，也不是为了追求心里的满足感，只是因为受到内心的支配而顺其自然地去做。不强迫，不强求，随缘行善，这样才是真善。就像了凡先生在前面所举的那十个人的例子一样，他们做的事情就是他们觉得应该去做，而不是为了什么目的才去做的，所以他们的行为都是真善。

“有为而为者假。”有目的地做善事就是假善，这里的目的应该是指那些不可告人的目的。如果只是一些简单的诉求应该是没问题的。就像了凡先生一样，他懂得积善之家有余庆的道理，所以为了能有“余庆”，他孜孜不倦地做善事。可是对于做善事而言，他是真心去做的，所以这样的是真善。但是要是怀揣着一些不可告人的秘密去做的话，那就是假善了。就像中国古代的一些奸佞小人，他们通过做一些小善，来获得极好的名声，以此邀功请赏、向上爬，这种情况下他们做的善事就是假善。中峰和尚所说的“有为而为者假”，其实是针对那些假借善事的名义捞取私利的小人所说的，一定要明白这一点，不要错会了中峰和尚的本意。

端正和邪曲

何谓端曲？今人见谨愿之士，类称为善而取之；圣人则宁取狂狷。至于谨愿之士，虽一乡皆好，而必以为德之贼。是世人之善恶，分明与圣人相反。推此一端，种种取舍，无有不谬。天地鬼神之福善祸淫，皆与圣人同是非，而不与世俗同取舍。凡欲积善，决不可徇耳目，惟从心源隐微处，默默洗涤。纯是济世之心，则为端；苟有一毫媚世之心，即为曲。纯是爱人之心，则为端；有一毫愤世之心，即为曲。纯是敬人之心，则为端；有一毫玩世之心，即为曲。皆当细辨。

【译文】

什么是端正和邪曲？现在人们见到忠厚老实的人，都对他们持一种肯定和欣赏的态度；但是古代圣人宁愿喜欢那种很豪放但是有原则的人。至于忠厚老实的人，虽然周围人都很喜欢他们，但是圣人认为这种人一定是败坏道德的人。因此普通人眼中的善恶与圣人眼中的善恶是相反的。由此推断，普通人对世上种种事情的判断，没有不错的。天地鬼神造福善人、祸害恶人，与圣人的看法是一样的，而不是和普通人一样的。凡是想要积德行善的，都不能遵照自己所听、所看到的来决定，而是要在自己的内心深处默默地洗涤净化之后决定。纯粹抱着一颗济世救人之心的，就是端正的善；一旦有一点迎合世俗的心理，就是邪曲的善。纯粹抱着热爱世人的心，就是端正的善；哪怕有丝毫愤世嫉俗的心理，就是邪曲的善。纯粹抱着敬畏世人的心，就是端正的善；哪怕有一丝玩世不恭的心理，就是邪曲的善。这些都要细细地去分辨。

【解读】

谨愿之士，就是指那些谨慎老实的人，说白了就是那些没有道德原则的老好人。这种人基本上都没有自己所坚持的原则和立场，别人说什么就是什么，别人让做什么，他们就会去做什么。他们会去为别人摇旗呐喊，而不会成为被别人摇旗呐喊的对象。就像是在一个团体中，所有人一起讨论对于团队的看法，当有人提出对团队的想法或者意见之后，这种老好人不会产生任何想法，只会为这种意见叫好；而当有其他人提出不同意见时，他同样会同意；即使是双方发生了争论，这种老好人也只会劝解，依然不会明确表现出支持或反对任何一种意见。一般来说，这种人的人缘都很好，因为无论什么时候他们都不得罪人，很多时候也会被别人当成知己。由于看起来很和善，基本上不反驳别人，所以这种人是很受普通人喜欢的。

但是，对于谨愿之士，古代的圣贤是十分不喜欢的，反倒是那些狂狷之士让古代的圣贤十分欣赏。所谓狂狷之士，是指那些志存高远、有思想、有主见、能坚持自己的看法和原则的人，简单一点地说就是和谨愿之士相反的人，说白了就是真性情、率性而为的人。儒家把真性情看作做人与做学问的基础，《中庸》开篇便强调“天命谓之性；率性之谓道”，认为率性而为才真正体现出了对天道的敬畏，只有把外在天命转化为人内在的真实性情，才是真正的求道。孔子认为“狂者进取，狷者有所不为也”，意思是说狂者一般性格外向，不拘一格，狂放激进；而狷者大多数性格内向，清高自守，能独善其身。狂狷之士这一张一弛之道才是儒家学者的追求。

朱熹在《论语集注》中写道：“狂者，志极高而行不掩。狷者，知未及而守有余。”这句话的意思是说狂者有很高的志向，做事情从不懈怠，很有进取心，但是在能力上却满足不了志向的需求；狷者洁身自好，安守本分，懂得知足，知道多少就行多少，道德原则极为强烈。

世人和圣贤对于善恶的评定标准是不同的，但是很明显世人是错的，圣贤的标准才是正确的。所以世人在判断一件事情或一种行为是善还是恶的时候，不能遵照自己所听、所看到的来决定，而是要默默地洗涤自己的内心，在内心深处默默地分析、辨别之后再决定。这里就说得很清楚了，既然世人评价善恶的标准是错误的，那么就不能再坚持原来的标准了。但是圣贤的道德思想又相当高深，世人是难以捉摸的，所以一时难以把握圣贤的标准。在这种情况下，应该怎样去判断一件事或一个人是善还是恶呢？

了凡先生认为，纯粹抱着一颗济世救人之心的，就是端正的善；一旦有一点迎合世俗的心理，就是邪曲的善。纯粹抱着热爱世人的心的，就是端正的善；哪怕有丝毫愤世嫉俗的心理，就是邪曲的善。纯粹抱着敬畏世人的心的，就是端正的善；哪怕有一丝玩世不恭的心理，就是邪曲的善。这就是三端和三曲。

阳善与阴德

何谓阴阳？凡为善而人知之，则为阳善；为善而人不知，则为阴德。阴德，天报之；阳善，享世名。名，亦福也。名者，造物所忌。世之享盛名而实不副者，多有奇祸；人之无过咎而横被恶名者，子孙往往骤发。阴阳之际微矣哉。

【译文】

什么是阴和阳呢？凡是做了善事而被人所知，就是阳善；做善事不为人所知，就是阴德。积阴德，上天会报答；有阳善，会在世间享有盛名。名气，也就是福气。名气，也是被造物主所忌讳的。在世间有很大名气却没有真材实料、名不副实的人，常常会遭到意想不到的灾祸；没有过错的人却无辜有了恶名，那他的子孙往往会崛起。阴和阳之间的关系真是微妙啊。

【解读】

行阳善的人在做了善事之后会马上得到报答，即获得巨大的名声；而积累了阴德的人就要看老天什么时候赐给回报了，也许很快，也许很慢，而且大多数时候都回报到了子孙后代身上。

阳善与阴德无所谓谁好谁不好，因为每个人生存在这个世界上，对于生活的态度和追求是截然不同的。有些人活在这个世界上就是为了自己，他们争名逐利的欲望十分强烈，无论是对物质生活还是精神生活要求都很高，他们喜欢那种高高在上的感觉，所以他们对名声的需求也是十分强烈的。

与争名逐利相对立的淡泊名利的人也是有很多的。淡泊名利的人，有的是因为功成身退，已经不在意过去经历过的那些东西了；有的是因为经历过世间的大起大落和浮浮沉沉之后，看破红尘，已经不再理会俗世的那些东西了；有的是清楚自身的能力有限，知道追求那些东西也没什么结果，所以会表现出把名利看得很淡。对于这样的人来说，自身的名声已经无足轻重了，有或者没有，影响不大。但是如果老天赐给他们子孙后代福气，那就是求之不得了。所以相对于阳善来说，这样的人更喜欢阴德的积累。

总的来看，在阴德和阳善之间，了凡先生更看重阴德。因为阴德虽说不能辐射到自己，但是子孙后代是一定能够因此获得上天赐给的福气的。如果选择阳善来获取名声，那么一定要做到所获得的名声和所做的事情相匹配，名副其实，这样才不会受到上天的惩罚，也才会真真正正地获得自己追求的名声和好处。若是名不副实，那不仅所作所为全部是无用功，自己还会受到上天的惩罚。

明辨是非

何谓是非？鲁国之法，鲁人有赎人臣妾于诸侯，皆受金于府。子贡赎人而不受金。孔子闻而恶之曰：“赐失之矣。夫圣人举事，可以移风易俗，而教道可施于百姓，非独适己之行也。今鲁国富者寡而贫者众，受金则为不廉，何以相赎乎？自今以后，不复赎人于诸侯矣。”

子路拯人于溺，其人谢之以牛，子路受之。孔子喜曰：“自今鲁国多拯人于溺矣。”

自俗眼观之，子贡不受金为优，子路之受牛为劣，孔子则取由而黜赐焉。乃知人之为善，不论现行而论流弊；不论一时而论久远；不论一身而论天下。现行虽善，而其流足以害人，则似善而实非也；现行虽不善，而其流足以济人，则非善而实是也。然此就一节论之耳，他如非义之义，非礼之礼，非信之信，非慈之慈，皆当抉择。

【译文】

什么是是、非呢？鲁国有法律规定，鲁国如果有人赎回被俘虏到别国的奴隶，都会得到官府赏赐的金子。子贡赎回了奴隶却没有接受官府赏赐的金子。孔子听说后很不高兴，说：“子贡做错了。一般圣人的行为，都是可以改变风俗的，还可以用来教导百姓，并不仅仅是个人的行为。现在鲁国富人少而穷人多，如果接受官府赏赐的金子就是不廉洁，那么以后谁还去赎回奴隶呢？从今以后，再也没人会从其他国家赎回鲁国人了。”

子路拯救了一个落水的人，那个人用自己的牛感谢子路，子路接受了。孔子高兴地说：“以后鲁国有人落水的话，一定会有人出手相救的。”

用世俗的眼光来看，子贡不接受金子的做法是正确的，子路接受牛的做法是错误的，但是孔子赞赏子路、贬低子贡。要知道人们行善，不仅当时有效果，以后也会有作用；不能只看到一时的效果，还要看长远的效果；不要只考虑自己的感受而要看对天下大众的影响。现在看来是一个做善事的行为，但是对以后的影响是坏的，这就是看着是行善但其实并不是；现在看虽然不是行善，但是它却可以改变人们的思想，达到济世救人的目的，那么虽然不是做善事但实际上这是真正的善行。但是这只是就一件事来讨论而已，其他的比如看似无义的义举，看似无礼的礼仪，看似不讲信用却诚实守信的举动，看似不慈爱却大慈大悲的举动，都需要自己去判断。

【解读】

所谓是与非说白了就是对和错的问题。面对一件事，什么样的做法是对的、什么样的做法是错的，是了凡先生在这里主要讲述的问题。对和错的问题很难分得清，因为每个人所处的环境、地位都是不同的，看问题的角度也是不同的。所以了凡先生这里主要讲的是判断一件事情是非对错的标准，当然主要是为了讲述圣贤与普通人的不同。

子贡从别国赎回了奴隶，但是当鲁国官府出面要给他奖励的时候，他却拒绝了。子贡是一个拥有高尚品格的人，像救人这种行为他是不求回报的，所以才没有接受官府的奖励。

做好事不图回报，将来一定会得到老天的报答。孔子却不这么认为，他在听说了子贡的做法之后，毫不犹豫地批评了他。孔子认为子贡这样做之后就再也不会有人去为鲁国赎回在别国的奴隶了。孔子也给出了自己的理由，他认为像子贡这样的人做出的行为是会被别人效仿的，现在子贡赎人回来却不受奖励，这样受到了别人的赞美，那么将来如果另外一个人赎人回来并接受奖励的话就一定会受到人们的鄙视，一定会被人说成是不廉洁的代表，慢慢地，人们一定就会认为赎人回来是没有奖励的，到时候这种吃力不讨好的事情也就没有人会去做了。

子路这个人正直，做事果断，信守承诺。有一次，子路在路上看见一个人落水了，于是就把那个人救了上来。被子路从水里救出来的那个人，也是一个知恩图报的人。子路救了他的性命，他送了一头牛给子路。

按照普通人的认知来说，这种时候应该谦虚一下。但是，让人意想不到的是，像子路那样品德高尚的人居然连推辞一下都没有，直接就接受了。这不禁会让普通人联想，这样的人真的能称得上是品德高尚吗？怎么能够做出这么“错误”的事情呢？孔子怎么能允许他的弟子做出这样的事情？

但是，孔子表示子路的做法是完全正确的。孔子认为，子路救了别人一条命之后能够获得一头牛作为回报，并没有吃亏，这会让人民都知道见义勇为能够获得别人的回报，鲁国见义勇为、助人为乐的人只会越来越多，鲁国人民的风气会变得越来越好。所以说子路这种做法是正确的，因为这是能够起到带动作用的行为，并且还是往好的方面去带动。

子路这样做确实是好的，虽然说收下别人的感谢礼品这个行为本身不好评价，但是他这样的做法起到了一个劝善的作用，而这种作用远远比他救人这件事情本身的功德大得多。从此以后鲁国再有人落水的话一定会有人去相救，这就可以算子路的功劳，所以说子路这种行为看似是恶行，其实是善行，是真正能积累功德的。

在普通人眼里子贡行为正确，在孔子眼里他却是做了一件错误的事情，因为他的行为可能会导致没有人再去赎回奴隶；而在普通人眼里子路行为错误，在孔子眼里他却是做了一件很正确的事情，因为他的行为使得以后鲁国溺水的人不用再担心没有人来相救了。有这样的不同，是因为普通人只看到了眼前，而孔子看得更远。我们无论做什么事情都要有一个长远的计划，想得远一些，不要光顾着眼前的利益，也要想到深远的影响。同时，做事情也不能只凭自己的喜好、只顾虑自己的得失，而是要多站在别人的角度考虑，尽量照顾到每一个人。做善事其实也是一样的，不能自己认为是善事就去做，而完全不顾做出这件事之后的影响。

偏与正

何谓偏正？昔吕文懿公初辞相位，归故里，海内仰之，如泰山北斗。有一乡人醉而詈之，吕公不动，谓其仆曰："醉

者勿与较也。”闭门谢之。逾年，其人犯死刑入狱。吕公始悔之曰：“使当时稍与计较，送公家责治，可以小惩而大戒。吾当时只欲存心于厚，不谓养成其恶，以至于此。”此以善心而行恶事者也。

又有以恶心而行善事者。如某家大富，值岁荒，穷民白昼抢粟于市。告之县，县不理，穷民愈肆，遂私执而困辱之，众始定。不然，几乱矣。故善者为正，恶者为偏，人皆知之。其以善心行恶事者，正中偏也；以恶心行善事者，偏中正也，不可不知。

【译文】

什么是偏、正？从前吕原辞掉了宰相的职位回到家乡，很多人都敬仰他，他的名气就像泰山北斗一样。有一次，一个同乡人喝醉酒之后骂他，吕公并没有生气，只是对仆人说：“喝醉酒的人，就不要和他计较了。”之后他就闭门谢客。过了一年，听说那个人犯了死罪进了监狱，吕公懊悔地说：“如果当时我稍稍和他计较一下，或者把他送到官府惩治一番，便可以通过小小的惩罚让他有所戒惧。我当时只是心存仁厚，没想到却纵容了他的恶习，所以才弄成现在这个样子啊。”这就是出于善心做了坏事的行为。

也有出于恶心做了善事的例子。例如，一个有钱的人家，赶上灾荒之年，穷人们在白天就到街市上抢他们家的粮食。去县衙报案，县衙根本不管，这导致穷人们越来越放肆，于是这家人就自己把抢粮的人抓起来，这样才让人们安定下来，要不然就乱了。因此，做善事是正，做恶事是偏，这是人人都知道的。但是抱着一颗善心做恶事的人，是正中带偏；抱着恶心做善事的人，是偏中有正，这些道理是不可以不知道的。

【解读】

了凡先生所说的偏和正其实就是善和恶，而生活中经常会出现偏中带正或是正中有偏的事情，所以好心办了坏事和恶心办了好事的情况经常出现。

吕文懿公，即吕原，谥号文懿。吕原当过翰林院编修、翰林学士等。吕原在天顺六年（1462）的时候由于母亲去世而回家奔丧，不久后因忧郁过度死去。了凡先生说的这个故事发生在吕原刚刚回家奔丧的时候。

吕原是当时响当当的人物，弟子众多、桃李满天下，仰慕他人品和才学的人不计其数。当时，他刚回乡，有一天一个喝醉了酒的人居然冲进他的家里当众辱骂他。吕原身边的人都不能容忍，他们要教训这个人。但是吕原却制止了，他让身边的人不要和一个醉汉斤斤计较，把他赶出去之后就不再理睬。

本来这只是一件小事情，对吕原来说更是不值得一提。但是一年之后发生的一件事却让吕原对他当时的做法追悔莫及。因为一年后，吕原听说当初骂他的那个醉汉犯了死罪而被官府关进了监狱。这个时候他后悔了，他觉得如果当初能稍稍地教训一下那个醉汉，他也不至于犯下这么大的错误。或许有人会不理解，宽容是美德，为什么说惩罚一下更好呢？

有时候，当一个人做了事情不知道对错或者明知道是错，而身边的人没有批评或阻止他的话，那么这个人就会觉得他所做的事情是没有问题的，就会变本加厉地去做比之前问题更严重的事情。那个醉汉骂吕原是因为喝醉了酒，所以酒醒之后一定会感到害怕，害怕吕原让人来找他的麻烦。但是，很久也没有等来吕原的“报复”，于是他就觉得自己很有本事了，连吕原也不敢来找麻烦，所以之后肯定是胆子越来越大，最后就控制不住自己了。可能他会觉得，辱骂朝廷大员都没什么事，欺负别人更没什么大不了了。正是这样的原因，让那个人犯的错越来越大，最终无法弥补。

了凡先生在这里说的善心做恶事指的是一个人要有公正的心，对于恶人恶性不能纵容。人的一生中不能缺少批评和惩罚，只有被批评过、受到过惩罚的人才能真正地成长起来，过度地纵容只会害人。比如有些父母溺爱孩子，所以就放纵孩子，不去认真管教，即使他犯了错误也是睁一只眼闭一只眼，期待他能够自己去改正，总是觉得孩子犯错误是一件正常的事情，可是结果呢？这样的孩子长大后大多自私自利、不辨是非，甚至会为非作歹，因为他不认为自己做的事情是错的。再有就是，很多不孝顺的人小的时候都被父母溺爱。这样的父母其实就是以善心办恶事。相对的，也有另一种家长，他们从来不溺爱孩子，孩子犯了错误就要进行批评或惩罚，教育孩子改正，这样的家长教育出的孩子长大后多半都会成才。

自己家的粮食被抢了，有钱人肯定不肯善罢甘休，他把抢粮食的百姓告到了县衙。可是县令根本就不管，挨饿的百姓实在是多，县令觉得根本就镇压不住。县令不管，导致那些抢粮食的人更加肆无忌惮，结果有钱人愤怒了，他是绝对不能看着自己的粮食被人白白抢走的，于是他决定自己来解决这个问题。之后他召集家丁、护院等把那些抢粮食的人抓了起来。

从整件事情来看，这个抓人的有钱人家明明有多余的粮食，但他不分给那些没有饭吃的百姓，这不就是作恶吗？而且，他居然把那些手无寸铁又饿得前胸贴后背的百姓抓起来，这难道还不够坏吗？虽然在普通人眼里这件事是坏事，但是要是从事件的结果以及影响上来看，这件事其实算得上一件好事。

这件事好就好在这个有钱人及时地制止了百姓抢劫粮食的行为。如果当时那些抢粮百姓的行为不能得到及时制止的话，那么一定会有更多的百姓加入，抢劫的人越来越多，他们的胆子也会越来越大，那抢劫的范围自然也就越来越大，一旦他们在这样的抢劫中尝到了甜头，说不定以后就会以抢劫为生了。当这种抢劫的规模越来越大时，就有可能被有心人利用，发展成叛乱和起义。所以，从长远角度来看，这个有钱人其实是成功地阻止了一场暴动的发生。虽然他的行事都是恶性的，心也是恶心，但是他却办了一件善事。这样的人就是以恶意为出发点却做了善事。

善和恶要看一件事对未来的影响：如果一件事对未来有一个好的影响，那么即使做这件事情的人抱有一颗恶心，也不能因此而否定这件事；如果一件事的结果对未来产生不好的影响，那么即使做事情的人是善心，也不能肯定这件事情是好事。所以说，做事情之前一定要多思考，尽量在做完事情之后，让事情的结果向好的方向发展。

半与满

何谓半满？《易》曰：“善不积，不足以成名；恶不积，不足以灭身。”《书》曰：“商罪贯盈，如贮物于器。”勤而积之，则满；懈而不积，则不满。此一说也。

【译文】

什么叫半、满呢？《易经》说：“没有善行的积累，就不会在世上享有名气；没有恶行的累积，也不会造成杀身之祸。”《尚书》说：“商纣王罪大恶极，他的罪过就像把东西装满了容器。”勤于积累善行，就是满；懈怠而不积累善行，就是半。这是半和满的一种说法。

【解读】

了凡先生这里所说的半和满其实就是字面上的意思，满就是很充足，半就是指不完全、不是全部。

任何事物都包含着半和满两个方面，而通常这两个方面对事物所造成的影响是不同的，善和恶就是这样的。半善和半恶与满善和满恶所造成的结果一定是不同的，了凡先生用《易经》和《尚书》里的语句进行了解释。

《易经》上说：“善不积，不足以成名；恶不积，不足以灭身。”如果一个人能把善积累到满善的程度，那么这个人就一定能够名扬天下；如果一个人作恶到了满恶的程度，那么这个人就会灰飞烟灭。其实还有一点隐藏的意思，那就是只有满善和满恶才能得到名扬天下或者是灰飞烟灭的结果，而半善或半恶基本上是不会得到这样的结果的。

自古行善的人和作恶的人都有很多，但是为什么被人们铭记的只有少数人呢？因为能被我们记住的人都是真正的大善人、大好人或者是真正的大奸人、大恶人，也就是说他们达到了满善或者满恶的境界。至于那些善有一点点或者是恶有一点点的人，也就是半善和半恶的人则会被人忽视。

为了能够解释得清楚一些，了凡先生用了《尚书》中的一句话："商罪贯盈，如贮物于器。"这句话主要是用来评价商纣王的，意思是说商纣王所犯下的罪孽就像在一个容器中装满了东西一样，已经满得不能再装别的了，就是说他犯下的罪过很大。其实了凡先生就是要告诉大家，商纣王能够被人铭记，就是因为他已经达到满恶的状态。提起商纣王，大家会想起什么？那肯定是酒池肉林、炮烙之刑、杀人吃心、祸害忠臣、宠爱妖妃，这一桩桩、一件件，哪一个不是罪大恶极的事情？

商纣王是一下子就达到这种满恶的程度的吗？或者说商纣王天生就是一个十恶不赦的人吗？当然不是。他的罪行都是一点一点地积累起来的，也就是说，无论是善还是恶，想要达到满溢的程度，都要一点一点地积累才行。了凡先生也是这样认为的，所以他才说："勤而积之，则满；懈而不积，则不满。"这句话的意思是说，无论是善行还是恶行，只要勤劳地一点点积累，总会达到满溢的程度；要是有一丝一毫的懈怠，不懂得去积累，那么就永远不会达到满溢的程度。

了凡先生在这里是想讲明一个道理，那就是为善的时候要持之以恒，积累多了，才会达到满善；做了恶事，要赶紧停止，因为一旦开了头，积累下去就会恶贯满盈。平时做事，一定要做到“勿以恶小而为之，勿以善小而不为”。

诚心为满

昔有某氏女入寺，欲施而无财，止有钱二文，捐而与之，主席者亲为忏悔。及后入宫富贵，携数千金入寺舍之，主僧惟令其徒回向而已。

因问曰：“吾前施钱二文，师亲为忏悔；今施数千金，而师不回向，何也？”

曰：“前者物虽薄，而施心甚真，非老僧亲忏，不足报德；今物虽厚，而施心不若前日之切，令人代忏足矣。”此千金为半，而二文为满也。

【译文】

从前有一个女人到寺庙里，想要布施却没有钱财，身上只有两文钱，于是就捐给了寺里，寺庙的住持亲自为她忏悔。后来她进入了皇宫，变得富贵了，带着几千金去寺庙布施，但是寺庙的住持只是让自己的徒弟去代为回向。

她问住持：“我以前只布施了两文钱，大师亲自为我忏悔；现如今我带来几千金来布施，大师却不亲自回向，这是什么原因呢？”

住持说：“以前的两文钱虽然少，但那时候你是诚心来布施的，如果不是我亲自来替你忏悔，就不能报答你布施的恩德；现在虽然有几千金，但是你的心意却不像上次那样真切了，所以让我的徒弟代为忏悔就行了。”这就是千金为半而两文为满的例子。

【解读】

布施，就是以自己所有普施一切众生。布施其实就是行善。故事里，那个贫女布施了两文钱就使得寺庙的住持亲自回向，最终获得富贵。大部分人可能会认为如果布施更多的话，那寺庙住持的回向应该更隆重，就连入了宫的贫女也是这么想的。但是事实却让所有人吃了一惊。这是为什么呢？

她也很不解，但是住持给了她回答：“往日布施两文钱，但你有一颗赤诚之心，如今虽是黄金千两，但虔诚之心却比不得往日，所以让我的弟子代为回向。”所以，布施看的不是金钱的多少，而是心中的诚意。

如果企望有所回报，就不是布施而是交易了。一个人布施后，萌生出控制受施者或受施团体的想法是不正确的。真正的布施，是不企望任何物质回报的；受施者，同样不需要为布施而承担任何义务。

做所有的善事都和布施是一样的，只要是源于一片赤诚之心，没有任何虚妄的杂念存在，那么就都能够得到无边无量的功德。所以说，做善事最重要的是心意，诚心诚意的人，做善事自然能得到功德，经常虔诚地做善事，自然就能把善积累到满溢的状态。如果不是真心实意的话，即使是做一辈子的善事，也永远只能是半善。

考虑长远

钟离授丹于吕祖，点铁为金，可以济世。

吕问曰："终变否？"

曰："五百年后，当复本质。"

吕曰："如此则害五百年后人矣，吾不愿为也。"

曰："修仙要积三千功行，汝此一言，三千功行已满矣。"

【译文】

钟离权传授丹方给吕洞宾，学成后能点铁为金，可以济世救人。

吕洞宾问："点铁为金的东西以后还会变成铁吗？"

钟离权说："五百年以后才会再次变成铁。"

吕洞宾说："那这样岂不是祸害了五百年以后的人吗？这是我不愿意做的。"

钟离权说："修炼成仙需要积累三千件功德，你说的这一句话，所需的三千件功德已经圆满了。"

【解读】

据说吕洞宾没有成仙之前，曾经拜钟离权为师，学习仙术和炼丹术等。钟离权决定把点铁成金这个仙术教给吕洞宾，希望他在学成之后能够去拯救更多穷苦的人，去济世救人。

吕洞宾没有那样做，而是问了钟离权一个问题："这用铁变成的金子还会不会恢复原形？”钟离权说：“五百年之后就恢复原形了。”吕洞宾说：“这就是坑害五百年之后的人，我不想这样。”

人生在世，至多不过是百年的光景，五百年后的事情，又有谁会去管呢？别说是五百年后的事情，就是百年以后的事情，又有谁真正地关心过？但是吕洞宾就想到了，为了不祸害五百年以后的人而情愿放弃学习仙术和获得巨大利益的机会，由此可见他的目光之长远、道德品质之高尚。

钟离权听吕洞宾说完，告诉吕洞宾说：“成仙要积累三千件善行才能达到圆满，你这一句话，就已经圆满了。”为什么钟离权认为吕洞宾只说了一句话，他的善行就达到圆满了呢？这是因为吕洞宾的这一举动是十分真诚的，他的这个举动，不知道挽救了多少五百年后可能会被点铁成金之术祸害的人。比如了凡先生做官之时，曾为百姓减少苛捐杂税，本来做一万件善事的誓愿很难完成，结果就因为他为百姓减少了苛捐杂税，功德就圆满了。

心中有善

又为善而心不着善，则随所成就，皆得圆满。心着于善，虽终身勤励，止于半善而已。譬如以财济人，内不见己，外不见人，中不见所施之物，是谓三轮体空，是谓一心清净，则斗粟可以种无涯之福，一文可以消千劫之罪。倘此心未忘，虽黄金万镒，福不满也。此又一说也。

【译文】

做善事，但是心里不在意这是行善，那么随便做什么善事，都是圆满。心里很在意是不是在做善事，即使一生都勤奋地做着善事，那终究也只是半善而已。就像是用钱财来救济别人，心里没想着是做善事，外面也不知道救济的人，中间也不在意用什么救济，这就是所谓的“三轮体空”“一心清净”，这样即使是很少的米也能结出无限的福气，一文钱也可以解除千般的罪孽。但是如果不能忘却自己所做的善事，哪怕施舍了几万两黄金，福气也不会有多少。这是半和满的又一种说法。

【解读】

人在做一件事情的时候，不在心中想着自己做的是善事，做的就真的是善事。而心中很在意是不是在做善事的话，那么即使做的确实是一件好事，也不能算作圆满，因为在这种情况下，人的内心时刻考虑着自己的利益，做的事情也以自己的利益为目的。做事情的时候心无杂念，什么都不去想，只是全心全意地把事情做好，不求回报地付出，如果一个人在做事情的时候能够达到这种境界的话，做什么事情都可以算作善事，而且所做的善事都会是很圆满的结果。因此，做善事的时候一定要保持一个正确的心态。

这就好比用钱财去救助别人的时候，心里没想着是做善事，也不知道救济的人，也不在意用什么救济，这就是所谓的“三轮体空”“一心清净”。

“三轮体空”是佛教的说法，是一种智慧，也是一种境界。“三轮体空”的结果是使佛教众人越过生死海，与众生同登涅槃彼岸，被世人所敬仰。

其实做善事和佛教的布施是一样的。在行善的时候做到内不见自己，外不见自己所帮助的人，中不见自己所做过的事情，这样就达到“三轮体空”的境界了，达到这种境界后自然就能够“一心清净”了。这里的“清净”，指的也是佛教中的含义，即远离了尘世间的恶行、过失和烦恼，内心纯洁，只有善行。一旦内心能够彻底变得清净，那么即使是很少的米也能结出无限的福气，一文钱也可以解除千般的罪孽；但是如果不能做到这种一心清净的程度，那么哪怕施舍了几万两黄金，福气也不会有多少。

善的大小

何谓大小？昔卫仲达为馆职，被摄至冥司，主者命吏呈善恶二录。比至，则恶录盈庭，其善录一轴，仅如箸而已。索秤称之，则盈庭者反轻，而如箸者反重。仲达曰：“某年未四十，安得过恶如是多乎？”

曰：“一念不正即是，不待犯也。”

因问轴中所书何事，曰：“朝廷尝兴大工，修三山石桥，君上疏谏之，此疏稿也。”

仲达曰：“某虽言，朝廷不从，于事无补，而能有如是之力。”

曰：“朝廷虽不从，君之一念，已在万民；向使听从，善力更大矣。”

故志在天下国家，则善虽少而大；苟在一身，虽多亦小。

【译文】

什么叫大、小？从前有一个叫卫仲达的人在翰林院任职，一天他的魂魄被摄到了阴曹地府，阎王让鬼吏拿来了他善行和恶行的记录。等到拿来之后，发现恶行记录能够充满整个院子，但是善行记录只有一个小卷轴，像筷子一样细。拿秤来称重量，发现像筷子一样的善行记录却比充满院子的恶行记录要重。卫仲达说："我还不到四十岁，怎么会被记录这么多恶行呢？"

阎王说："一个念头不正那就是恶行，不一定非要等做出来才是。"

卫仲达又问善行的卷轴中记录的是什么事，阎王说："朝廷曾经大兴土木，修建三山石桥，你上疏劝谏皇帝，这是你上疏内容的草稿。"

卫仲达说："我虽然上疏劝阻了，但是皇上并没有听从我的意见，我做的事情没什么用，能有这么大的功德？"

阎王说："朝廷虽然没有听从你的意见，但是你的这个念头是为万千的百姓着想；如果朝廷听从了你的建议，那你的功德就更大了。"

因此，只要志向在于为家国天下谋求福利，善行做得少也会福报大；如果只为自己着想，那善行再多福报也只会很小。

【解读】

一般人认为，恶行只有做出来才算，毕竟在没做出行动之前没有对任何人造成伤害。产生作恶想法的人，就不是一个道德品质高尚的人，很有可能做出恶行。即使只有想法而没有行动，那也只是时间的问题而已，毕竟产生了一次作恶的想法后，就会有第二次乃至无数次，最后肯定会付诸行动。一个简单的作恶想法就是恶行积累的开始，所以说有作恶的想法就已经算作恶了。儒家思想讲究的是思无邪和慎独。按照一定的道德规范来行动和思考，当然不能有违背道德规范的作恶想法。

既然犯了错误，那肯定是要惩罚的，更何况是这么多的错误。古人有功过相抵的说法，考虑到卫仲达做过善事，为了能准确地找出惩罚他的标准，于是阎王决定把他恶行的记录和善行的记录拿到秤上称。没想到，他那筷子一样细的善行记录重量却大于恶行记录，这说明卫仲达的善行是高于恶行的。

一件简单的善事就压过了那么多的恶行，说明这件善事一定巨大，但是卫仲达并不记得自己做过什么事情了，于是就要求看一下那个卷轴里面记录的究竟是什么善事。原来当时朝廷要大兴土木，修建三山石桥，卫仲达上奏皇帝，阻止这件事，他认为这种大兴土木是劳民伤财的，不可取。卷轴里面的就是卫仲达当时上奏的奏折。但是卫仲达仍然感到奇怪，因为他当时的劝谏并没有成功，这又怎么可能成为那么大的善行呢？这时候阎王说话了，他对卫仲达说：“朝廷虽然没有听从你的意见，但是你的这个念头是为万千的百姓着想；如果朝廷听从了你的建议，那你的善行就更大了。”

卫仲达是为了天下苍生着想，是为天下太平而上疏，所以功德浩大，这并不是小善能够相比的。如果他当时想的是升官发财，或者存在一些其他什么用心的话，纵使上奏劝谏获得成功，那效果也要差很多。

卫仲达劝谏并未成功，但厥功至伟，可算大善，那是因为他努力过了，甚至是冒着被杀头的危险去做的。所以，不用担心事情不成功，尽力去做就是了。凡是做善事，不要因为考虑自己的情况而畏畏缩缩，只管竭尽全力去做，即使事情不成功，也终究是大善，必然会得到上天的报答。

难而能为

何谓难易？先儒谓克己须从难克处克将去。夫子论为仁，亦曰先难。必如江西舒翁，舍二年仅得之束脩，代偿官银，而全人夫妇；与邯郸张翁，舍十年所积之钱，代完赎银，而活人妻子：皆所谓难舍处能舍也。如镇江靳翁，虽年老无子，不忍以幼女为妾，而还之邻，此难忍处能忍也。故天降之福亦厚。凡有财有势者，其立德皆易，易而不为，是为自暴。贫贱作福皆难，难而能为，斯可贵耳。

【译文】

什么叫难、易呢？儒家的圣贤说，要想约束自己就一定要从难以约束的地方开始做起。孔子在论述“仁”的思想时，也说过要先从难做的地方做起。一定要像江西的舒老先生一样，用自己教学两年所得的报酬，替别人偿了官府的税赋，从而保全了一对夫妇；还有河北邯郸的张老先生，用自己十年所积累的钱财，替别人偿还了赎银，救活了别人的妻儿：这些都是将难以割舍的东西施舍给别人。比如镇江的靳老先生，已经很大年纪了，没有儿子，但是不忍心纳年幼的女子为妾，而是将她送回了家，这就是在难以约束自己的情况下控制住了自己。所以上天降给他们的福报很深厚。凡是有钱有势的人，他们想要积德行善都很容易，容易却不去做，那就是自暴自弃了。贫穷低贱的人想要行善修福很难，虽然艰难但是去做了，那么就是十分可贵的。

【解读】

只有从难处下手，才能体现出仁者的勇猛之心，所获得的功德也最大。做善事也是一样，只有做那些会让自己纠结、痛苦、感到为难的善事，才能积累更大的功德。了凡先生为了说明这个道理，列举了三个例子。

第一个讲的是江西舒老先生的故事。江西舒老先生在外地教书两年，和跟他一起教书的人乘船返回家乡。在中途休息的时候，舒老先生上岸去散步，听到一个妇人哭得很悲伤。舒老先生是个善良的人，于是就去问那个妇人为什么哭得那么伤心。那个妇人告诉他，自己的丈夫欠了官府十三两银子，如果不能还上的话就要被关进大牢。可是他们家十分贫穷，根本拿不出那些银子，她的丈夫不想被关进大牢，于是就决定把她卖给别人当奴婢，可是这么一来她那年幼的孩子就没有人管了，因此她才伤心痛哭。

舒老先生很同情她，决定帮助她。他想，和他一起乘船的教书先生有十多个，只要每个人拿出一两银子就足够帮助这个妇人了，于是他就去和自己同船的同伴说了这件事情。他本以为为人师表的人都会伸出援手的，可是在听到他的提议后，那些人却没有一个愿意出手相助，并且劝他也不要管这件事情。舒老先生不忍心见死不救，于是忍痛拿出了自己教书两年的所有报酬给了那个妇人。舒老先生的家也很穷，等到他回家的时候他们家都没米下锅了，他的妻子还埋怨他没有拿钱回来。于是他就把帮助那个妇人的事情告诉了他的妻子。他的妻子觉得他做得对，就不再抱怨了，并且主动去挖了野菜拿来充饥。晚上睡觉时，听到窗外有人喊着说："今晚吃苦菜，明年生状元。"舒老先生和他的妻子听到了赶紧起来，披上衣服向天拜谢。第二年他们生了一个儿子叫舒芬，长大后果然中了状元。

第二个讲的是邯郸张老先生的故事。张老先生没有孩子并且家庭生活困难。有一次他的一个邻居触犯了刑法，但是却不想坐牢，因此只能向官府缴纳一大笔银子来赎自己的罪过。可是那个犯人家也很穷，为了能够免除牢狱之苦，那个犯人决定把自己的妻子卖掉筹钱。但是那个犯人家有三个年幼的孩子，张老先生担心他们失去母亲之后不能够活下去，他实在不想看到那样的结果，于是就和自己的妻子商量，决定拿出积攒十年的钱去赎回邻居。但是他的钱并不够，因此他把妻子唯一的首饰——一个簪子也给当了，这才凑够了赎金，救出了邻居。就在这一天晚上，张老先生便梦见神仙抱着一个孩子来送给他。当年，张老先生的妻子就生了一个男孩，取名叫张弘轩，其后代显贵无比。

第三个讲的是镇江靳老先生的故事。靳老先生和妻子结婚很多年，一直没有孩子，五十多岁依然膝下无子。他的妻子很过意不去，因此变卖了自己的首饰，想要把邻家相貌端庄、美丽的女子买来给靳老先生做妾，以传宗接代。妻子找了个机会把自己的想法对丈夫说了，本以为能成功，却没想到被靳老先生严厉拒绝了。靳老先生说："我知道你是为了我们家能够有人继承香火才打算为我买妾的，我很感激，但这位邻居家的女孩，她小时候我就经常抱着她，希望她能找个好男人，幸福一辈子。我现在老了，身体不好，我不能玷污她，也不能够让她得到幸福。所以，你把邻居家的女孩还给人家吧，我不要小妾。"第二年，靳老先生的妻子怀孕并生了个孩子。这个孩子十七岁考中解元，十八岁考中进士，一生官场之路顺利。

随缘济众

随缘济众，其类至繁，约言其纲，大约有十：第一，与人为善；第二，爱敬存心；第三，成人之美；第四，劝人为善；第五，救人危急；第六，兴建大利；第七，舍财作福；第八，护持正法；第九，敬重尊长；第十，爱惜物命。

【译文】

随缘帮助大众之事，种类非常繁多，简单地总结一下，大概有十种：第一种是与人为善；第二种是爱敬存心；第三种是成人之美；第四种是劝人为善；第五种是救人危急；第六种是兴建大利；第七种是舍财作福；第八种是护持正法；第九种是敬重尊长；第十种是爱惜物命。

【解读】

什么是缘？所谓缘就是指世间的万事万物相遇和相随的可能性：有可能就是有缘，没有可能即无缘。

随缘，是指随意、随顺机缘，有顺其自然之意。在随缘的情况下，去帮助众生，去做善事，那样能积累无边的福德。

随缘是佛教的说法。随缘不是随便行事，而是顺其自然，不躁进，不过度，不强求，不墨守成规、冥顽不化。就像做人通情达理，做事圆融，这样才能够事理相融。

随缘常常被一些人理解为不需要有所作为、听天由命。其实这种想法是十分错误的，随缘不是说让人放弃自己的追求，而是让人以豁达的心态去面对生活。随缘是一种智慧，可以让人在纷繁的环境中，依然拥有恬静的心态、冷静的头脑。随缘不是没有原则、没有立场，更不是随便马虎。“缘”需要很多条件才能成立，若能随顺因缘而不违背真理，才叫“随缘”。

与人为善

何谓与人为善？昔舜在雷泽，见渔者皆取深潭厚泽，而老弱则渔于急流浅滩之中，恻然哀之，往而渔焉。见争者皆匿其过而不谈；见有让者，则揄扬而取法之。期年，皆以深潭厚泽相让矣。夫以舜之明哲，岂不能出一言教众人哉？乃不以言教而以身转之，此良工苦心也！

【译文】

什么叫与人为善？从前舜在雷泽中看见打鱼的人都选择潭水深并且鱼多的地方，但是年老体弱的人只能在急流浅滩中打鱼，舜觉得他们很可怜，于是他自己也去打鱼。看见有人争抢，他就当作没看见一样不做任何评论，看见有互相谦让的人，他就大加赞扬他们的做法，并效仿。第二年，潭深鱼多的地方被大家互相礼让。以舜之聪明睿智，难道他不能说几句话来教导大家吗？这是因为他不用嘴说而是用以身作则的方法来转变人们的思想，真是用心良苦啊！

【解读】

舜是上古先王，古代圣贤们对他十分推崇。在舜生活的时代，打鱼是人们日常生活中的主要活动之一，所以经常可以看到人们聚集在河里或者是湖里打鱼。打鱼关系到当时人们的生活，是人们的主要利益所在，因此就出现了舜去雷泽打鱼时看到的情况：身强力壮的年轻人霸占着湖中心鱼虾多的地方打鱼，而老年人和孩子由于争不过年轻人，所以只能在急流浅滩中打鱼，地点不好，鱼也少。舜身为部落氏族的首领，希望见到的是一个团结友爱、互敬互助的集体，而绝对不是他眼前所看到的，同时，他又有一种同情心，不希望看到老人和孩子受到这样的欺负，于是他决定想个办法解决这样的问题。

舜没有急躁地去开口教育那些霸占着水深鱼多的地方的年轻人应该互敬互爱什么的，也没有说出什么让年轻人把地方让出来给老人和孩子打鱼的话，而是选择去急流浅滩打鱼。当看到别人对好的打鱼的地方互相谦让时，他就会把事情到处宣传，大加赞扬这种做法，让所有人都知道他提倡这种做法。久而久之，舜的这种行为被人们深深地记在了心里，渐渐地，年轻人也都慢慢学会了谦让，他们在打鱼的时候经常会把水深鱼多的地方让给老人和孩子，而自己到急流浅滩去打鱼。年轻人能做出这种善行来，全是靠着舜的聪明和智慧，舜这样也算是帮助他们行善。舜的这种做法就叫作与人为善。

或许有人会奇怪，舜身为部落氏族的首领，他要是想把一件事情做成，好像并不一定要亲自动手。就像这件事，他完全可以直接用言语去教育或者命令那些年轻人按照他的想法去做，相信那些年轻人一定不敢反对他的话，这样岂不是更简单轻松并且节省时间吗？其实这种想法是不正确的，年轻人都是有脾气并且有叛逆心理的，就像是孩子都不喜欢家长唠叨一样。舜不厌其烦地说教，会导致那些年轻人开始厌烦他，并且他越是不让人做的事情，那些年轻人就会做得越开心。

言传不如身教，舜自己做了，那些年轻人自然会受到影响。舜这样道德品质高尚的人，是非常受其他人的尊敬和喜爱的，因此他的一些行为或者是做事的方法很容易就会被别人模仿，这就是身教。这种潜移默化的影响显然比苦口婆心的言传有用得多，舜作为一个聪明并且有智慧的人，显然是明白这个道理的。

《庄子·天道》有这样一句话："语之所贵者意也，意有所随。意之所随者，不可言传也……"这句话的意思是说，用自己的语言教育人，用自己的行动带动人，用自己的做法感动人，这就是言传身教的由来。言传身教可以理解为两种行为，那就是言传和身教。这两种方法虽然都是以教化别人为目的，但是这两种方法的效果是不同的。孔子说:“其身正，不令而行；其身不正，虽令不从。”这句话的意思是说，当一个管理者对自身要求严格，并且什么事情都能做出表率、身先士卒的时候，就算他不去下命令，被管理的人也会跟着他一起行动起来；如果管理者对于自身不去严格要求，却对被管理者要求十分严格，那么即使他三令五申或者苦口婆心地劝告，也不能得到任何效果，被管理的人是不会服从的。

现实中也有很多例子。许多家长一边给孩子讲“粒粒皆辛苦”，一边却随手扔掉不合口味的食品；一边给孩子讲孔融让梨的故事，一边却争先恐后地抢座；一边教训孩子要尊敬父母，一边自己却不尽赡养父母的责任和义务；一边给孩子讲“好好学习，天天向上”的大道理，一边自己却一年到头也不摸书。这样做的结果必然是孩子把父母那些坏的习惯都学到了，因为身教的影响十分重大。

舜很明白这个道理，所以他并不劝告那些年轻人，而是身体力行，用心去做。作为现代人也是一样，不要期待着可以用言语去改变一个人，无论何时都认认真真地做事情，到最后自然会感染身边的人，也自然能够得到更多人的认可。

生存方法

吾辈身处末世，勿以己之长而盖人，勿以己之善而形人，勿以己之多能而困人。收敛才智，若无若虚，见人过失，且涵容而掩覆之：一则令其可改，一则令其有所顾忌而不敢纵。见

人有微长可取、小善可录，翻然舍己而从之，且为艳称而广述之。凡日用间，发一言，行一事，全不为自己起念，全是为物立则，此大人天下为公之度也。

【译文】

我们正处在社会风气败坏的时代，不要用自己的长处去掩盖别人的长处，不要用自己的善行去和别人比较，不要用自己的才能去为难别人。收敛自己的才智，不要锋芒毕露，看见别人的过错，要包容并且帮其掩盖：一方面可以让他自己去改正，另一方面也可以让他记住教训，再也不敢犯这样的错误。看见别人有一点长处、有一点善行都要记住，要舍弃自己的短处去学习并改正，并且帮助他们传扬。凡是在日常生活中，说一句话，做一件事，都不为自己的利益考虑，而是考虑为社会树立榜样。这就是品德高尚的人“天下为公”的气度。

【解读】

在这段话中，了凡先生主要讲述的是一个人在社会中生存下去的一些方法。

第一，不要用自己的长处去掩盖别人的长处，不要用自己的善行去和别人比较，不要用自己的才能去为难别人。现实生活中有很多人，他们自身的大部分才能都比不过别人，但是也许在某一方面表现出了特别优秀的才能。这些人平时也许十分谦虚和低调，可是一旦遇到他们擅长的领域，他们就会显得特别兴奋，炫耀自己在这方面的才华，意图通过别人不擅长的方面来打击或者是压制别人，使自己得到重视和认可。这种行为，于人于己都是没有好处的。

第二，收敛自己的才智，不能锋芒毕露。其实这一点和第一点是差不太多的，总的来说其实就是一句话，做人要低调。人自身的才华也要适可而止地发挥。人外有人，天外有天，谁也不能保证自己所处的位置就是这个世界的最高点。所谓高处不胜寒，一味地把自己打造成一个鹤立鸡群的人，那肯定会遭到别人的嫉妒或者是排挤。人活在这个世界上要学会低调，学会收敛，只有这样才能有更多的朋友，有更多志同道合的人，人生路才能走得更加顺利。

第三，看见别人的过错，要包容并且帮其掩盖。每个人都有长处，每个人也都有短处。《弟子规》里说："人有短，切莫揭。人有私，切莫说。"这句话很有道理。一方面去揭别人的短处会让人感到很没有面子，有可能招来别人的怨恨；另一方面轻易得到的东西是没有人会去珍惜的，别人指出来的错误或者是短处，很有可能不受到重视，没有深刻的印象自然也就没办法改正，因此一定不能随便地去揭别人的短处。

第四，看见别人有一点长处都要去学习，有一点善行都要记住，一定要舍弃自己的短处去学习并改正，并且帮助他们传扬。我们一直强调每个人都有自己的长处，而有些人的长处正是很多人应该去学习的。《论语·里仁》里有这样一句话："见贤思齐焉，见不贤而内自省也。"这句话的意思是说，看到贤德的人就应该向他学习，努力使自己达到那样的程度；看到不贤的人要在内心仔细反省自己有没有跟他相似的毛病。这句话映衬了凡先生的观点。如果一个人能因为别人的善行而感动，并且能够到处去宣传别人做的善事，进而自己去做善事，那么就说明这个人一定有一颗善心。所以说，如果一个人能做到见贤思齐，那么就说明这个人的品质是好的，心地也是善良的，最后一定能够得到福报。

第五，在日常生活中，说一句话，做一件事，都不要为自己的利益考虑，而是要考虑为社会树立榜样。这就是“天下为公”的思想。天下为公是指以天下为己任，做事情不以自己的利益为出发点。能做到这样的就是圣人了，而这种思想恰好符合儒家学说中的“内圣外王”思想。所谓内圣外王，就是指内部有圣人的道德，视死如归，与天地并存，顺其自然不强求，同时对外又以王者的名义，施王道之政。这是儒家的圣贤所遵守的准则，而儒家的圣贤都是人们敬佩和学习的榜样，因此，人们无论在什么时候都应该做到说一句话、做一件事，不为自己的利益考虑。如果一个人能达到天下为公的境界，一定会得到老天的眷顾。

爱敬存心

何谓爱敬存心？君子与小人，就形迹观，常以相混，惟一点存心处，则善恶悬绝，判然如黑白之相反。故曰：君子所以异于人者，以其存心也。君子所存之心，只是爱人敬人之心。盖人有亲疏贵贱，有智愚贤不肖，万品不齐，皆吾同胞，皆吾一体，孰非当敬爱者？爱敬众人，即是爱敬圣贤；能通众人之志，即是通圣贤之志。何者？圣贤之志，本欲斯世斯人，各得其所。吾合爱合敬，而安一世之人，即是为圣贤而安

之也。

【译文】

什么叫爱敬存心？君子和小人，看表面，经常会混为一体，只有这一点存心，善恶相差悬殊，就像黑色和白色是截然相反的。因此说：君子之所以和一般人不同，就在于他们的存心。君子的心中，都是对别人的尊敬和友爱。人有亲疏贵贱之分，也有愚蠢与智慧、贤与不贤之分，所有人都不一样，但都是我们的同胞，与我们是一体的，难道有谁不值得我们敬爱吗？爱敬所有人，就是爱敬圣贤之人；能明白普通人的心意，也就能明白圣贤的心意。为什么呢？圣贤的心意，本来就是希望这个世界上的人，都能够各得其所。我们爱敬众人，就可以使众人安定生活，这也是代替圣贤使他们安定。

【解读】

爱敬存心就是说要心存仁爱、慈悲、恭敬和礼节。

为什么要在心里存有这些东西呢？因为存心是决定一个人是君子还是小人的重要标准。说白了，君子其实就是孔子理想化的人格。而儒家思想的核心是仁，所以君子的首要条件就是心存仁爱和仁义。而君子的反面，就是小人。小人是指那些喜欢搬弄是非、挑拨离间、隔岸观火、落井下石的人。

《论语》中，有很多关于君子和小人的论述。比如“君子坦荡荡，小人长戚戚”“君子泰而不骄，小人骄而不泰”“君子周而不比，小人比而不周”“君子和而不同，小人同而不和”“君子怀德，小人怀土；君子怀刑，小人怀惠”“君子上达，小人下达”“君子不可小知而可大受也，小人不可大受而可小知也”，这些明确的对照，彰显出了君子的道德品质。从上面的几点就可以看出来，**君子就是心里存着温良恭俭让、仁义礼智信的人**，而心中没有这些东西的，就是小人。

或许有人会不理解，认为一个人是君子还是小人应该是很好判断的，但是仔细想想的话，就会发现这种想法是错误的。人是一种善于伪装的动物，从外表或者是很多事情上来看，根本就看不出一个人是君子还是小人，除非是性格特别鲜明的人。君子做事，自然、不伪装，因为他们的内心是坦荡的，不需要掩饰。

相比于圣贤的作为，圣贤的用心更值得人们去学习。在君子的心里，这个世界上人人都是平等的，圣贤也是这样认为的，并且圣贤也不会认为自己是高人一等的。既然人人平等，那么在圣贤眼里，这个世界上所有的人都和他是一样的，那岂不人人都是圣贤了？如果是这样的话，那么当然是爱敬众人就是爱敬圣贤了。圣贤的心中是爱敬众人的，那么我们要向圣贤学习，也要在心中爱敬众人，而众人和圣贤又是一样的，所以爱敬众人就是爱敬圣贤。

圣贤提倡人人平等，提倡爱敬众人，是为了让人们活得更加安稳自在，快乐幸福，不再有那些无谓的争斗。只要能够爱敬众人，那么圣贤能办到的事情，普通人也能办到。

成人之美

何谓成人之美？玉之在石，抵掷则瓦砾，追琢则圭璋。故凡见人行一善事，或其人志可取而资可进，皆须诱掖而成就之。或为之奖借，或为之维持，或为白其诬而分其谤，务使成立而后已。

大抵人各恶其非类，乡人之善者少，不善者多。善人在俗，亦难自立。且豪杰铮铮，不甚修形迹，多易指摘。故善事常易败，而善人常得谤。惟仁人长者，匡直而辅翼之，其功德最宏。

【译文】

什么叫成人之美？玉隐藏在石头中，丢弃它，那它就是瓦砾，雕琢之后则变成了圭璋。因此如果见到有人在做善事，或者他的志向有可取的地方，都应该鼓励扶持他、成就他。或者是称赞奖励，或者是帮助扶持，或者是帮助他辩白污蔑，为他们分担别人的毁谤，总之一定要帮助到他有所成就。

大致上来说，一般人都讨厌和自己不一样的人，乡里善人少而不善的人多。善良的人在世俗的环境里很难立住脚。而且英雄豪杰多刚正不阿，不修边幅，很容易遭到批评、指责。所以做善事经常容易失败，好人也常遭毁污。只有仁人长者多多地帮助和辅佐，才能有宏大的功德。

【解读】

什么叫成人之美？了凡先生给出了明确的答案，那就是如果见到一个人在做善事，或者一个人的志向有可取的地方，都应该鼓励扶持他们获得成就。或者是称赞奖励，或者是帮助扶持，或者是帮助他们辩白污蔑，总之一定要帮助到他们有所成就。说白了就是在别人遇到困难的时候帮助别人。

了凡先生举了一个玉石的例子。我们认为价值连城的玉，为什么叫玉石呢？简单地说，玉就是一块石头。石头遍地都是，根本就不是什么值钱的东西，也没有人会去在意一块石头，或是花大价钱买一块普通的石头。

那么为什么同样是石头，玉石就价值连城呢？为什么玉石就有人愿花大价钱去收藏呢？

玉石从普通的石头变成美玉，其实就是多了一个雕琢的过程。普通的玉石经过精心的雕琢变成了美玉，由此可以看出雕琢的重要性。其实人也是一样的，需要不停地雕琢，不停地去掉糟粕、留下精华，才能越来越成功。其实对于人来说，这个雕琢的过程就是成人之美的过程。

《论语·颜渊》中有一句话："君子成人之美，不成人之恶；小人反是。"作为一个君子，是一定要学会成人之美的。其实成人之美和雕琢一样，都是需要有一定基础的。想要雕琢出一块美玉，首先必须保证你要雕琢的是一块玉石，否则又怎么能雕琢出一块美玉呢？其次是一定要尽心尽力，否则怎么能保证你是在往好的方向雕琢呢？成人之美也是一样的，想要成人之美，一定要保证在人的身上有一定的还没有完全开发出来的优点，就是要有"美"，如果一个人身上连"美"都没有，那么其他人怎么能做成人之美的事情呢？

拿行善这件事情来说，一个人十分想去做善事，可是自身能力不足，导致他不足以去做某件善事，在这种情况下，有其他人帮助他完成了这件善事，使他获得了功德，这种行为就叫成人之美。

由于个人的主观能动性不一样，每个人所接触的外部环境等客观存在又不尽相同，所以造就了不同的人有不同的性格和喜好。当一个特别出众或者是特别引人注意的人出现之后，很有可能会导致周围的人结成联盟共同排挤他。就像了凡先生所说的那样，如果一个乡里不善的人多，那么善良的人就一定会受到不善的人的排挤，甚至有可能被赶走，因为那些不善的人是见不得善良的人去行善的。

当一个人意气风发时遇到被排挤的情况，可能会产生两种结果。第一种是坚持理想，留在这个地方继续抗争，甚至在心里希望能够感染其他人。第二种是大部分人会选择的，那就是从自身找原因，然后想办法融入到排挤自己的那群人中去，甚至有时候会为了这种需要放弃自己的理想。这种做法不能说是错误的，但是放弃了自己一直所坚持的东西毕竟不是什么好事情，而且还可能会对整个社会产生一定的影响。

外部环境对人的影响很大，甚至有时候会把人朝着坏的方向指引，这种情况是十分不利的。那有没有什么办法能够改变这种情况呢？目前来说并没有一个一劳永逸的办法。人们能做的只是尽量不让事情往坏的方向发展。

有很多人，他们也是心地善良的人，每当他们想要做好事的时候，就一定会有亲戚朋友跳出来阻止他们，并拿出一些好人没好报的例子来劝说。其实做善事容易失败，有很多这方面的原因。

三国时期魏国文学家李康在《运命论》一书中说：“木秀于林，风必摧之；堆出于岸，流必湍之；行高于人，众必非之。”这句话的意思是说，一个特立独行或者是与众不同的人，一定会遭受到众人的围攻。“风流灵巧招人怨，寿夭多因毁谤生，多情公子空牵念”，虽然说不招人妒是庸才，但要是被群起而攻之那就不是一个好结果了。社会中善良的人其实就相当于秀于林的那种少数，会遭人嫉妒，会被人当成异类，甚至会遭受别人的非议或者攻击。

有什么办法来改变这样的情况吗？了凡先生认为，仁人长者去端正那些不善良的人的行为，同时辅佐善良的人去做善事，自己也大力去宣传做善事，匡扶正义，就会使情况慢慢发生转变。同时，仁人长者做这些事情并不是白做的，他们自身也能够获得很宏大的功德，这就是两全其美了。

劝人为善

何谓劝人为善？生为人类，孰无良心？世路役役，最易没溺。凡与人相处，当方便提撕，开其迷惑。譬犹长夜大梦，而令之一觉；譬犹久陷烦恼，而拔之清凉：为惠最溥。韩愈云：“一时劝人以口，百世劝人以书。”较之与人为善，虽有形迹，然对症发药，时有奇效，不可废也。失言失人，当反吾智。

【译文】

什么叫劝人为善？生而为人，谁没有良心呢？在世上庸碌无为地活着，最容易沉没迷失。凡是与人相处，应该在方便的时候提醒对方，解开他的迷惑。就像在长夜的大梦中令他苏醒过来，也像把他从长久的烦恼中解救出来，使他自在清凉，这是最广大的恩惠。韩愈说："一时劝人就用嘴说，百世劝人要著书立说。"劝人为善和与人为善相比较，虽然有些露痕迹，但是对症下药，经常会有神奇的效果，因此不可以废除。失言失人，就应当自我反思了。

【解读】

凡是人都具有赤子之心，所谓赤子之心其实就是善心。但人在世俗中，时间久了，赤子之心就会被淹没。比如人人都知道做善事是好事，但是有时候为了利益，很容易就会把赤子之心忘记了。但是这时候，人的赤子之心或者说是善良的本性并没有丢掉，只是一时受到了蒙蔽而已，所以这种情况下的坏人还是有可能重新变成好人的，但这需要他人的帮助。

在这种情况下，我们要做的事情就是劝人为善。我们碰到有人做错事的情况，不妨给他们一个提醒，让他们不要迷失在社会的不良旋涡当中，帮助他们找回本性和赤子之心。因为赤子之心就是善心，所以劝说和帮助别人找回赤子之心，就是劝人为善，功德很大。只要我们愿意帮助赤子之心受到蒙蔽的人清除掉那些蒙蔽心灵的东西，努力地劝人为善，就能够让那些人的赤子之心重新焕发生机。

唐宋八大家之一的韩愈说："一时劝人以口，百世劝人以书。”其实这句话很简单，只是偶尔劝人为善的话，用嘴去劝说就可以了，但是要想长期地劝人为善，那就要靠著书立说了，这种办法是最好的。

这句话理解起来也是很容易的，比如大家都知道，《论语》是孔子及其弟子的言论。如果没有把孔子及其弟子说过的话记录下来的话，谁知道他们说过什么？

就像了凡先生作《了凡四训》，本意是给他的儿子一个做人和处世的准则。只是这样的话，那么了凡先生完全可以直接把自己想说的告诉儿子就好了，为什么要写这样一本书出来呢？因为这样不仅可以使他的儿子对他所说的话有深刻的理解，还能让他一辈子总结出来的做人处世的思想长久地流传下去，帮助一代又一代人。

救人危急

何谓救人危急？患难颠沛，人所时有。偶一遇之，当如痌瘝（tōng guān）在身，速为解救。或以一言伸其屈抑，或以多方济其颠连。崔子[1]曰：“惠不在大，赴人之急可也。”盖仁人之言哉！

【译文】

什么叫救人危急？艰难困苦的处境，每个人都会遇到。如果偶尔遇到了艰难困苦的人，就应该像疾病生在自己身上一

① 崔子：崔铣，明中期著名学者。

样，快速去解救。或者说一句话为他申辩委屈压抑，或者想尽办法帮他度过穷困的生活。崔子说："恩惠不一定要大，只要救别人于危难的时候就可以了。"这真是仁德的人才能说出来的话啊！

【解读】

当一个人处于顺境时，他做什么事情都会一帆风顺，周围一定会有人锦上添花来捧场。可是当一个人处于逆境时，生活可就不美好了，这种时候这个人做什么事情都会遇到挫折，雪中送炭的人更是少。

了凡先生在这里所讲述的救人危急，就是当一个人处于人生低谷或者逆境中的时候，有人给了他巨大的帮助，就像雪中送炭一样。这种行为就是救人危急。

人在生活中总会遇到坎坷，总会遇到不如意的事情，正如了凡先生所说"患难颠沛，人所时有"。不论什么人，总要遭遇一些坎坷的事情，特别是在天灾人祸降临的时候。在这种时候，如果有人给他一碗稀饭，哪怕只有一口，也一定会被感激不尽的，这就是救人危急。

一个人春风得意的时候，你去帮他做什么事情都没有太大的意义。而当他陷入了困窘，才是你该伸出援手的时候。锦上添花不是真的济人，雪中送炭才是急人之所急。

有很多人不看重救人危急这种事情，因为他们觉得做这样的事情，自己会付出很多。其实并不是这样的。有时候只要有一份心意，哪怕是真心地帮助了别人却没得到好的结果，也并不是什么大问题，只要尽力了就好。

《菜根谭》中写道:“遇人痴迷处,出一言提醒之,遇人急难处,出一言解救之,亦是无量功德矣。”救人危急其实是在做大善事,是能得到无数功德的。

所以,救人危急的关键是这个“急”字,雪中送炭解决别人的燃眉之急,这才是真的救人危急,正如崔子所说“惠不在大,赴人之急可也”。只要解决了一个人的燃眉之急,就是对他最大的帮助。不要以为救人危急是一件多难的事情,或许只是举手之劳。

兴建大利

何谓兴建大利?小而一乡之内,大而一邑之中,凡有利益,最宜兴建。或开渠导水,或筑堤防患;或修桥梁,以便行旅;或施茶饭,以济饥渴;随缘劝导,协力兴修,勿避嫌疑,勿辞劳怨。

【译文】

什么叫兴建大利?小如一个乡,大如一个县,只要是对人们有益处的工程,都应该兴建。比如疏通水渠,修筑堤坝防范洪水;修建桥梁,方便行人出行;施舍茶饭,救助那些饥饿的人;一有机会就劝导大家,同心协力地做事,不要为了怕被人怀疑就不干,也不要因为辛苦艰难而抱怨。

【解读】

兴建大利，最受益的是百姓，所以说，兴建大利是心怀天下的表现。能够兴建大利的人，必然都是心怀天下、忧国忧民的人，这样的人不图名利，只是真心为百姓谋福利，这样的人注定能够获得巨大的功德。

兴建大利，为百姓谋福利的人是不会被人们忘记的，这是这种人福报中的一项。比如了凡先生，他当官的时候无数次兴修水利，付出了巨大的心血。像他这样内心装着百姓、装着国家的人，百姓不会忘记，国家也不会忘记，上苍更加不会忘记。

什么叫大利？心若大，便是大；心若小，便是小。所以说，只要是有利于人民的事情就去做，那么所做的其实都是大善。当然，能够兴建大利、为百姓谋福利的人有时候也容易受到别人的嫉妒或者阻挠，这是因为：

第一，兴建大利要付出很多东西，表面上看得不到什么实际的回报，所以对于一些把自身利益看得很重要的人，特别是目光短浅的人，很可能去阻挠自己的亲人或者朋友去做兴建大利的事情。

第二，兴建大利的人会受到人们的赞扬，这样会导致一些人心里产生莫名其妙的嫉妒和不平衡。有一些人就是看不得别人好，只要有人在人们心里有特别好的印象，这样的人就会想方设法地抹黑。能够兴建大利的人，本来自身就很有实力，又取得了好名声，就更让人心理不平衡了，所以肯定要遭到人们的非议。在这种时候，一定要坚持下去，不能退缩，一定不能因为一点挫折就选择放弃。

舍财作福

何谓舍财作福？释门万行，以布施为先。所谓布施者，只是舍之一字耳。达者内舍六根，外舍六尘，一切所有，无不舍者。苟非能然，先从财上布施。世人以衣食为命，故财为最重。吾从而舍之，内以破吾之悭（qiān），外以济人之急。始而勉强，终则泰然，最可以荡涤私情，祛除执吝。

【译文】

什么叫舍财作福？佛门有很多种善行，其中以布施最为重要。所谓布施，不过就是一个“舍”字。通达的人内舍掉了眼、耳、鼻、舌、身、意六根，外舍掉了色、声、香、味、触、法六尘，一切东西，没有不能舍弃的。如果不能做到这一点，那就先从财物上布施。一般人都把衣食当作身家性命，所以对钱财看得非常重。我将钱财放弃掉了，内可破除我的吝啬之心，外可以救人于危急。开始的时候可能会有些勉强，时间长了就不觉得有什么了，这样最终可以洗涤私心，消除自己对钱财的执着贪吝。

【解读】

舍弃钱财说起来简单，真正做起来是相当难的。毫不夸张地说，钱财是人活在这个世界上最重要的东西之一。

破除对钱财的执着，能让人自身的境界提升，当然也能够使一个人的智慧得到提升。当一个人能够懂得舍弃钱财的时候，说明他已看透了钱财的本质。钱财是身外之物，是用来提升人的生活水平和人生境界的，是上辈子行善积德所获得的回报。因此，一个能够舍弃钱财的人，一定是一个有智慧的人。一个人懂得舍弃自身钱财去帮助别人，说明他懂得了“独乐乐不如众乐乐”的道理。一个人懂得的道理越来越多，他的境界自然也就越来越高，而在这个世界上，境界高的人会受到别人的尊敬，这也是一种回报。

一个人能够舍弃钱财去布施和做好事，起码说明这个人是在帮助别人，也许就是在救人危急，是大好事，也能得到一定的福报。积善之家必有余庆，既然舍弃了钱财用来做好事，必然是能够得到福报的。佛教认为，财布施，得财富，因此，凡是能够舍弃钱财去帮助别人的人，一定会越来越富有。

为了自己或者后代将来能得到上天的福报，人们应该学会舍财。当然，舍财作福的前提必须是心甘情愿的，如果有不可告人的目的，就算是舍掉了钱财，也不一定能得到回报。

护持正法

何谓护持正法？法者，万世生灵之眼目也。不有正法，何以参赞天地？何以裁成万物？何以脱尘离缚？何以经世出世？故凡见圣贤庙貌、经书典籍，皆当敬重而修饬之。至于举扬正法，上报佛恩，尤当勉励。

【译文】

什么叫护持正法？法，是世间万物生灵的眼睛。没有正法，怎么去参与天地的造化？拿什么去分别万物？怎么能脱离尘世的束缚？怎么能入世出世？所以见到圣贤的塑像和经书典籍，都应该敬重并修缮整理。至于弘扬正法，上报佛恩，更应该鼓励劝勉。

【解读】

护持正法就是指要保护好佛法或者古代圣贤总结出来的知识和道理。所谓正法在这里指的是古代先贤经过长时间的实践和积累总结出来的规律和道理，包括儒家学说和佛法等。正法是帮助人们进步的东西。

如果没有正法会产生什么样的后果呢？

第一，没有正法，就没有了古代先贤给人们留下的书籍和知识，人们就不可能领悟到天地生养万物的功德。世间上的任何事物，包括人，都是天生之、地养之，天和地共同养育了万物。人们懂得了这个道理，才会尊重天地，尊重自然，不随便地去破坏生态的平衡与和谐。如果没有正法，人们或许就会肆无忌惮地去破坏天地生养的万物，破坏天地赋予人们的东西，人们生存的环境就会越来越糟。

第二，没有正法，人们就不会懂得万物生长的规律。人们不懂得万物生长的规律，就会有揠苗助长等行为出现。

第三，没有正法，人们就有可能没人教育。人没有了智慧，就无法促进世界的发展，也无法看破世界的本质，也就无法进步。

正是由于没有正法会造成严重的后果，人们才应该果断地加入护持正法的行列中去。那么应该怎么样去护持正法呢？了凡先生认为，人们看到了圣贤的塑像、经典著作和遗训等东西，一定要非常地敬重，如果碰上有被破坏或者不完整的，就要想办法修复或整理。

对于正法，人们所要做的不应该仅仅是去保护，更应该去大力地宣扬。宣扬正法，能够让更多的人充满智慧。大力宣扬正法，最终获利的是人自己，因此宣扬和保护正法是人们必须要做的事情。

北宋大儒张载说："为往圣继绝学，为万世开太平。"其实这句话就是对护持正法最好的诠释。古代人都能够有这样的认识，作为现代人更不应该落后，一定要把护持正法当作责任和使命来完成。

敬重尊长

何谓敬重尊长？家之父兄，国之君长，与凡年高、德高、位高、识高者，皆当加意奉事。在家而侍奉父母，使深爱婉容，柔声下气，习以成性，便是和气格天之本。出而事君，行一事，毋谓君不知而自恣也。刑一人，毋谓君不知而作威也。事君如天，古人格论，此等处最关阴德。试看忠孝之家，子孙未有不绵远而昌盛者，切须慎之。

【译文】

什么叫敬重尊长？家里的父母兄弟，国家的君主，和凡是年龄大、德行高、职位高、识见高的人，都应该小心侍奉。在家里侍奉父母，要有深爱父母的心和温柔和顺的仪态，说话要温柔，逐渐养成习惯，这就是以和气感通上天的根本。在朝堂中侍奉君主，做任何事都不要因为君主不知道就恣意妄为。惩罚某个人，不要因为君主不知道就作威作福。侍奉君主，要像侍奉上天一样，这的确是古人的至理名言，这与阴德的关联十分密切。看看那些忠孝的家庭，子孙后代没有不兴旺发达的，所以一定要格外谨慎小心。

【解读】

尊长其实就是长辈，敬重尊长其实就是说要敬重长辈。那么为什么要敬重尊长呢？

第一，狭义上的长辈其实指的就是自己的父母。父母对自己有养育之恩，是必须要尊敬的人，不需要任何理由，不尊敬他们就是不孝。

第二，长辈又指年龄大的人，一般而言，这种人都有着丰富的社会经历和人生阅历。尊重长辈，就很可能得到他在人生各个方面的指点，可以使自己少走一些弯路。

第三，长辈还指那些不一定与自己有直接关系，但是德高望重的人，比如像孔子和孟子这样的圣贤。这种人是受世人尊敬的，因为他们的思想影响了无数代人，对社会的发展起到了十分重要的作用，因此这样的人必须受到尊重。

恻隐之心

何谓爱惜物命？凡人之所以为人者，惟此恻隐之心而已；求仁者求此，积德者积此。《周礼》：“孟春之月，牺牲毋用牝。”孟子谓君子远庖厨，所以全吾恻隐之心也。故前辈有四不食之戒，谓闻杀不食，见杀不食，自养者不食，专为我杀者不食。学者未能断肉，且当从此戒之。

渐渐增进，慈心愈长。不特杀生当戒，蠢动含灵，皆为物命。求丝煮茧，锄地杀虫，念衣食之由来，皆杀彼以自活。故暴殄（tiǎn）之孽，当与杀生等。至于手所误伤，足所误践者，不知其几，皆当委曲防之。古诗云：“爱鼠常留饭，怜蛾不点灯。”何其仁也！

【译文】

什么叫爱惜物命？人之所以是人，就是因为人有恻隐之心罢了；追求仁的人就是追求这个，积德行善的人也要积这个。《周礼》说：“早春的时候，祭祀用的牲口不能用母的。”孟子说君子要远离厨房，就是为了保全恻隐之心。所以前人有四条不能吃的规矩，即听见宰杀声音的不吃，看到宰杀场面的不吃，自己喂养的不吃，专门为我宰杀的不吃。人们不能断绝吃肉，至少应该以这四不食为戒。

循序渐进，慈悲心也渐渐增长。不应该只是戒除杀生，那些蠢动的动物也都有灵性，也都是有生命的。抽取蚕丝的时候需要煮茧，锄地的时候要杀掉地里的虫子，想想衣服和食物的由来，都是杀死别的生命来养活自己。所以糟蹋毁坏衣食的罪孽，应当与杀生等同。至于失手误伤的和脚下误踩的，更是数不胜数，都应该想方设法防止。古诗说："爱鼠常留饭，怜蛾不点灯。"这是多么地仁慈啊！

【解读】

在这两段话中，了凡先生多次提到了一个词，恻隐之心。什么是恻隐之心呢？说白了就是同情心，是仁者的爱物之心。《孟子·告子上》云："恻隐之心，人皆有之；羞恶之心，人皆有之；恭敬之心，人皆有之；是非之心，人皆有之。恻隐之心，仁也；羞恶之心，义也；恭敬之心，礼也；是非之心，智也。"没有恻隐之心的人是不能称人的。

孟子说："君子远庖厨。"这句话的意思是说，君子应该远离厨房，这其实也是一种有恻隐之心的表现。因为厨房多杀戮，而真正有恻隐之心的君子是见不得杀戮的，所以说君子要远离厨房。另外一点是当君子在厨房见到过多的杀戮之后，很可能会使君子的内心迷失，失去恻隐之心和慈悲之念，这是君子所不能容忍的，因此君子必须远离厨房。

先贤还有四不食的规定，这其实还是有恻隐之心的表现。四不食即闻杀不食，见杀不食，自养者不食，专为我杀者不食。听见宰杀声音的不吃，看到宰杀场面的不吃，自己喂养的不吃，专门为我宰杀的不吃，除了这四种情况之外的肉，才是圣贤可以接受的。这四不食充分说明了圣贤为了追求"仁"而付出的努力。

保持一颗恻隐之心，对一个人的成长是有很大的帮助的。有了恻隐之心，才会懂得行善，才会去行善积德，才能得到上天赐予的福报；有了恻隐之心，才能真正地向先贤看齐，才能真正地学到先贤思想的精髓。

所谓物命，指的是大千世界中所有的生命，包括动态的和静态的，包括人和各种动物、植物，或者可以说是这个世界上的一切生物。有生命的都不应该受到迫害。

一个人的恻隐之心相对薄弱的时候，如果在街上看到受伤的流浪动物，那么他可能会觉得很可怜，可能也会很伤心，但是也就只是觉得可怜和伤心，不会有别的举动。但是如果经过长时间的沉淀，再面对这种情况的时候，他不仅会觉得可怜和伤心，还会用自己的力量去拯救这个受伤的动物。

人们以为吃饭的时候不吃肉、只吃素食，就是行善，就是把恻隐之心发扬光大了，这是不正确的，或者说是远远不够的。其实仔细想一想就会发现，人们穿的丝绸材料的衣服是怎么来的，还不是无数的蚕耗尽生命去吐丝才得来的，难道这不是残害生命吗？人们穿的那些皮革类的东西，如皮衣、皮鞋等又是怎么来的，难道不是把动物杀害之后剥掉它们的毛皮制成的吗？这也算是杀生。或许有人会说自己种的粮食就不是靠杀生得来的。这怎么可能？难道人们除去的那些草类就不是生命吗？人们在耕地的时候杀死的那些虫子难道就不是生命吗？这样靠着杀生得到的食物，还有那么多人不知道珍惜，还有那么多人每天浪费和糟蹋。如果把人们残杀的那些生命说得高尚一点，它们是牺牲了自己来成全人们的生活和发展的，但是浪费粮食的人让那些生命的牺牲变得毫无意义，这是比杀生更残忍的事情。

因此，想要把恻隐之心发扬光大，单单只是不杀生是不够的，还要爱护各种各样的生命，尽量不要去伤害。此外，最重要的一点是要节约，在衣食住行等各个方面都不能铺张浪费，只有这样才能慢慢地把恻隐之心积累起来。

万善兼备

善行无穷，不能殚述；由此十事而推广之，则万德可备矣。

【译文】

善行是无穷无尽的，不能详细地描述；由上面总结的十个方面的例子推演开去，那么所有的功德都能完备了。

【解读】

这段话主要是对前面随缘行善十种情况的简单总结。十种做善事的方法，了凡先生在文中已经详细叙述过了，人们在社会生活中，应该坚持按照上面的那些方法去做。只要社会上的人都按照上面所说的那些方法去行善，人们的功德就会积累得越来越多，这个社会也会发展得越来越好。

或许有人会问，自己也是很想行善的，但是一时还做不到了凡先生所说的，那应该怎么办呢？其实这不是什么大问题。这样的人是值得鼓励和肯定的，因为他们有一颗行善的心。要知道，无论做什么样的善事，都必须有一颗善心作为基础。善心一点一滴地积累起来，到最后发生质的变化，那么随缘行善的十种情况就自然而然地能够做到了。拥有一颗善心才是最重要的，只要拥有一颗善心，哪怕不是按照了凡先生的方法去做，那也是行善，也是能够获得无上功德的。

人的善心和善行是无穷无尽的，不是用一篇或者几篇文章就能够全部描述出来的。了凡先生所写的行善的方法虽然很全面，但是毕竟不可能是全部的方法。行善的方法也是处于不停地发展变化之中的，所以说，人们要坚持按照了凡先生所说的十种方法去行善，但也不能死板地全部照做，可以根据实际情况进行适当变化，也可以另辟蹊径去创造其他的方法。一心向善，就不要拘泥于教条主义的限制，大胆地去做。

按照自己的想法、根据实际情况去行善，并不是说随便怎么行善都可以，其中有一条原则是必须坚持的，那就是随缘行善。也就是说，人们所想到的方法不能是为了达到某些不可告人的目的，必须是纯粹行善才行。或者说，人们想到的方法应该只是为了行善，那样的才属于好方法。

行善的另一个重要原则是坚持。行善积德是一个长期的过程，并不是说一些人心血来潮做一件善事就能获得大的功德。很多人都有过一个行善的梦想，但是由于种种原因，人们不能在行善这条路上走得很远，半途而废是经常发生的事情。殊不知，就在那些人放弃了行善这条路的那一刻，上天所赐给的福报也与他们渐行渐远了。

宋代陈元靓在《事林广记》中写道：“世上无难事，人心自不坚。”行善就是这样，当一个人认为行善是一件很难的事情并且打算放弃的时候，他的内心已经动摇了，已经坚持不下去了，这是人的问题，不是行善这件事情本身的问题。所以，只要内心坚定、懂得坚持，行善积德根本就不是什么难事。

这个世界上每个人都想得到上天的眷顾，但是能得到的人却很少，这是为什么呢？因为很多人不明白行善积德这个道理。其实这就是一个简单的因果关系，世界上所有的事情都是有因才有果，行善也是如此。所谓行善积德，就是因为行善了，所以积德。所以，如果想要得到上天的眷顾，那么就努力地去做善事。对于心中有善并且长期行善的人，上天是不会吝惜赐予福报的。

第四篇　谦德之效

满招损，谦受益

《易》曰:“天道亏盈而益谦，地道变盈而流谦，鬼神害盈而福谦，人道恶盈而好谦。”是故谦之一卦，六爻皆吉。《书》曰:“满招损，谦受益。”予屡同诸公应试，每见寒士将达，必有一段谦光可掬。

【译文】

《易经》说:“天的规律是让盈满的亏损而让不足的增加，地的规律是让盈满的溢出而流向低洼之处，鬼神通常损害那些盈满的而降福给那些匮乏的，人的本性也是讨厌那些盈满的而喜好谦虚的。”所以谦卦中的六爻都是吉利的。《尚书》说:“骄傲自满会招致亏损，谦虚谨慎会获得益处。”我屡次与大家一同参加考试，每次看到贫寒之士将要发达，脸上必有谦和的神采流露出来。

【解读】

谦虚本来就是一个美好的善行。谦虚这个品德对一个人来说太重要了，必须单独拿出来讲才能体现出它的重要性和说服力，因此了凡先生单独作了一训来写谦德之效。在这段话中，了凡先生主要引用了古代经典中的语句来说明谦虚这一品德的重要性。

《易》曰:“天道亏盈而益谦，地道变盈而流谦，鬼神害盈而福谦，人道恶盈而好谦。”这句话从天道、地道、鬼神道和人道四个方面分别说明了谦虚的品德的重要性。

第一，天道。所谓天道就是指天的运动变化规律，也就是天的规则。在古人眼里，天是主宰着这个世界上的所有事物的，天的规则也就是自然界和万物的规则。天道是非常玄妙的，一般人不可能理解。人们可以不知道天道，但是一定要遵守天道。天道中有一条就是“亏盈益谦”，意思是说，如果一个人自满了，那么老天就不会再给这个人任何的帮助和好处；如果谦虚一些，就会得到老天的祝福和帮助。所以说，一定要遵守天道，因骄傲自满而违背规则会受到上天的惩罚。

第二，地道。所谓地道就是大地的规律。比如，当大地上某处的水积满之后，水就会从它的周围溢出，当发生洪水时，一旦洪水的水位高于拦河大坝的水位，洪水就会从大坝上面冲过去，大坝也就没用了，这就是盈而流谦的规律和道理。这种规律说明做人不能自满，要谦虚。

无论是天道还是地道，都是笼统地说明谦虚的重要性的。所谓“物极必反”“盛极必衰”“月满必亏”说的都是同样的道理。无论是个人、家庭，还是国家，在繁华过后必然会走向低谷和衰败，这一点是不可能改变的。长盛不衰或许只是一个神话。上天和大地都是在削弱骄傲的，满足谦虚的。这就相当于一个人骄傲自满，必然不会把任何人放在眼里，就必然会受到别人的排挤和打击，而谦虚的人则会受到人们的喜欢，这就是削弱骄傲自满的，满足谦虚低调的。

第三，鬼神道。鬼神道也就是鬼神的规则，鬼神道和天道、地道的道理是一样的——鬼神害盈而福谦。在神话传说中，鬼神是有改变人命运的能力的，这里是说鬼神会去祸害那些骄傲自满的人，而给那些谦虚的人降下福气。

第四，人道。人道也就是人所需要遵守的规则。人要遵守的规则其实就是天、地、鬼神的规则。“人道恶盈而好谦”，世人都厌恶那些骄傲自满的人而喜欢谦虚的人。因为骄傲自满的人看不起人，而谦虚的人有时候能让其他人感到高兴，并且使其他人有一种成就感。想要一个好的生活环境，就不能让别人讨厌你、孤立你。

天、地、鬼神和人都是喜欢谦虚的而不喜欢骄傲自满的，那么一个人要是不谦虚的话，怎么在这个世界上生存呢？

惟谦受福

辛未计偕，我嘉善同袍凡十人，惟丁敬宇宾，年最少，极其谦虚。

予告费锦坡曰：“此兄今年必第。”

费曰：“何以见之？”

予曰：“惟谦受福。兄看十人中，有恂恂款款、不敢先人，如敬宇者乎？有恭敬顺承、小心谦畏，如敬宇者乎？有受侮不答、闻谤不辩，如敬宇者乎？人能如此，即天地鬼神，犹将佑之，岂有不发者？”

及开榜，丁果中式。

【译文】

辛未年（1571）进京赶考，我们嘉善的同学共十个人。只有一个人叫丁宾字敬宇的，年龄最小，非常谦虚。

我对同行的费锦坡说：“这个兄弟今年一定能够考上。”

费锦坡说：“你是怎么看出来的？”

我说：“只有谦虚的人才能获得福报。你看这十个人当中，哪个人像丁宾一样谦恭谨慎、诚恳忠实，又不先于别人行动？又有哪个人像丁宾一样恭敬、谦虚、小心、谨慎？有像丁宾一样受到侮辱不在意、受到诽谤也不辩解的吗？一个人能做到这样，天地鬼神都会保佑他的，怎么能不发达？”

等到发榜，丁宾果然高中。

【解读】

这几段话是说了凡先生和他的几个同学一同进京参加考试。和了凡先生一起进京参加会试的一共有十个人，其中有一个人叫丁宾，字敬宇，他的年龄是最小的。

了凡先生发现十个人中年龄最小的丁宾十分谦虚和诚实厚道，所以他就认定丁宾一定会发达。因此了凡先生对费锦坡说出了自己的想法，他认为这次考试丁宾一定会被录取。

费锦坡询问了凡先生这样判断的原因。了凡先生的回答是丁宾是他们这十个人里面最谦虚的一个。了凡先生说丁宾能够考中是根据天地鬼神等各种道的规律判断出来的。

之前说过，无论是按照天、地、鬼神哪种道的规则和规律来看，谦虚的总是能够得到上天的报答。经过了凡先生长时间的观察，他发现丁宾就是那个最谦虚的人，因此他才做出这样的判断。对于他们这些进京参加考试的人来说，最好的福报就是能够考中，以有机会参加殿试。那么了凡先生到底发现了丁宾哪些谦虚的行为才促使他做出这样的判断呢？

第一是“恂恂款款，不敢先人”，意思是说丁宾诚实厚道，做事情从来都不抢在别人的前面。每个人都有虚荣心，每个人都希望自己能够成为万众瞩目的焦点，因此一般很多人竞争的时候，人们都会有一个积极、奋勇争先的意识，期待着自己能够打败别人。此外，骄傲自大的人在做事情的时候更加喜欢出风头，更加在意自己是否能够处在前面。但是丁宾，什么都不和别人争，由此可以看出他是多么谦虚低调。

第二是“恭敬顺承，小心谦畏”，意思是说丁宾对人恭恭敬敬，一切都肯顺受并且做人小心谦逊。骄傲自大的人一般都非常看不起别人，这样的人在待人接物的时候会产生一种莫名其妙的优越感。但是丁宾对人是恭恭敬敬的，所以他绝对不可能是一个骄傲自大的人。此外，骄傲自大的人不会听从别人的指挥，更不会轻易赞同别人的意见，同时更受不了别人对自己的打击。但是丁宾就不是这样，他对人恭敬，且小心谦逊，一看就是一个十分谦虚的人。

第三是“有受侮不答，闻谤不辩”，意思是说当别人侮辱丁宾的时候，他一点都不愤怒，有人诽谤他的时候，他也从来都不去辩解。这一点是最能够说明问题的。无论是古代还是现代，人们都十分在意自己的脸面，不能接受别人的侮辱和诽谤。但是看看丁宾的做法，不辩解也不反驳，这是因为他的性格十分谦虚，不屑与那些侮辱和诽谤他的人争吵。他就是一个谦虚的人，一个品德高的人，一个非常有涵养的人。或许谦虚的他只是把诽谤和侮辱当成了人生的历练，这些只是他培养自己谦逊品格的磨刀石而已。

那么，结果是怎么样的呢？丁宾获得了什么样的好处呢？会试结果公布，丁宾一鸣惊人，在会试中考中了，将有机会参加殿试。丁宾能够高中，是因为他谦逊的品格得到了天、地、鬼神的敬重和赞扬。

其实现今生活中也是如此，很多人觉得自己能力、才学比别人强上许多，但是总感觉怀才不遇，得不到别人的重视；反而是那些能力和才学都不如自己或者自己鄙视、看不起，甚至是经常欺负自己的那些人却爬到自己的上面。很多人经常抱怨上天的不公，既然有这样的时间，为什么不去挖掘深层次的原因呢？当你感觉自己各方面都出色、产生骄傲自满的情绪的时候，人家正在谦虚地努力充实自己，这就是最主要的原因。

平怀顺受

丁丑在京，与冯开之同处，见其虚己敛容，大变其幼年之习。李霁岩直谅益友，时面攻其非，但见其平怀顺受，未尝有一言相报。予告之曰：“福有福始，祸有祸先。此心果谦，天必相之。兄今年决第矣。”已而果然。

【译文】

丁丑年（1577）在京城，和冯开之先生住在一起，见他谦虚谨慎并且一副很严肃的样子，大大改变了童年时的习惯。他的好友李霁岩正直诚信，经常当面指出他的过失和错误，但是他都平心静气地接受，没有反驳一句。我对他说："福气有福气的根源，灾祸有灾祸的前兆。你这么谦虚，老天一定会帮助你的。你今年一定会在科举中高中的。"后来冯开之果然高中。

【解读】

这段话还是了凡先生为了说明谦虚的品德能够带来福报所举的例子。冯开之，本名叫冯梦祯，明代著名诗人。冯开之是明神宗万历五年（1577）进士，官至翰林院编修。后来因为得罪了张居正而被贬官，后再也没有进入官场。

冯开之这个人性格爽朗，同时他非常喜欢读书，并经常提携后辈。从文中我们能知道这个事情是发生在冯开之中进士那一年，了凡先生是因为和他住在一起一段时间才判断出他能考中的。了凡先生做出这样判断的原因是什么呢？"见其虚己敛容，大变其幼年之习"，意思是说冯开之现在总是一副面容和顺的样子，十分谦虚，从没有见过他有一点点的骄傲，和他小时候的习惯大不一样。

从中我们可以看出两点：第一是冯开之现在是一个十分谦虚的人；第二是冯开之小的时候不是这个样子。文中先说冯开之现在十分谦虚，又说他小时候和现在一点也不一样。冯开之小的时候想必一定是狂傲不羁、锋芒毕露的，这种性格说好听一点是极度自信，说不好听就是骄傲自大、看不起人。如果他还是这样一个人，相信了凡先生是无论如何也不会断定他能考中的。随着时间的推移，冯开之的性格和小时候有了很大的不同，他变得谦虚、谨慎了，懂得收敛自身的锋芒，也正是因为这样使得他符合了天道，修得了自身的德行，使得老天会赐给他福报，因此了凡先生才做出了他能够考中的结论。

直谅就是正直诚信的意思。《论语·季氏》中有这样一段话：“**益者三友，损者三友。友直、友谅、友多闻，益矣。友便辟、友善柔、友便佞，损矣。**”孔子认为正直、诚实和见多识广的人，才是好的朋友，才是益友；而谄媚、只懂迎合、花言巧语和当面奉承背后诽谤的人根本就不是好朋友，这样的人只能是损友。之后，这个词语就被当作孔子对良友、益友的定义而被广泛应用。而李霁岩恰恰就是冯开之的“直谅益友”。

李霁岩经常不顾冯开之的颜面和感受，因为一点小的事情就对他进行当面指责，甚至是无情揭露他的过失和错误。人都是有脾气的，这种情况很多人是容忍不了的。

冯开之小的时候是一个非常骄傲的人，估计最不能容忍的就是别人的批评和指责。所以，当李霁岩当面指责冯开之的时候，了凡先生认为一定是要出事情的，但是他惊讶地发现，他现在认识的冯开之居然和小时候那个冯开之一点都不一样了，面对李霁岩的批评和指责，居然一点也没有不耐烦，而是十分虚心地接受了。冯开之自始至终恭恭敬敬，不狡辩也不争吵，并且表现得真心实意。要知道，这是一个不谦虚或者没有涵养的人无法做到的。直到这个时候，了凡先生才发现，冯开之不知道从什么时候开始已经变得谦虚了。

这种情况下，了凡先生顺理成章地就判定冯开之能够高中。了凡先生根据冯开之谦虚就说他肯定能够高中，这不是随便说的，而是根据天道规律来说的。所有的福德祸患都是有原因的。一个人有福气，那必定有福气的根源；一个人有祸患，那肯定会有祸患的先兆。只要内心足够谦虚，自然能够得到上天的庇护。冯开之有来自上天的帮助，自然是能够考中的。最后的结果也验证了了凡先生的预言——冯开之在当年的会试中考中了。

心服速政

赵裕峰光远，山东冠县人，童年举于乡，久不第。其父为嘉善三尹，随之任。慕钱明吾，而执文见之。明吾悉抹其文，赵不惟不怒，且心服而速改焉。明年，遂登第。

【译文】

赵裕峰，名光远，是山东冠县人，不满二十岁就考中举人，但此后多次赶考都没中进士。他的父亲调任嘉善三尹，他也和父亲一起赴任。他很仰慕钱明吾这个人，于是就带着自己的文章去拜见。钱明吾把赵裕峰的文章全部否定，他不但不生气，而且心悦诚服地迅速改正。第二年，他就考中了进士。

【解读】

这段话还是了凡先生为了说明谦虚能够得到福报而举出的例子。

赵光远，字裕峰，山东冠县人。通过了凡先生的介绍，我们能够发现，这个人很不简单，他在不满二十岁的时候就在乡试中取得了好成绩，考中了举人。

不到二十岁就考中了举人，使得赵光远变得踌躇满志、信心满满，对接下来的会试和殿试充满了信心。但是，无情的命运给了他当头一棒，正当幻想着自己可以顺利地走进官场的时候，他却在接下来的考试中遭到了沉重的打击。当打算继续向下一个目标前进的时候，他考试失败了，并且不是一次，而是多次考试都没有考中。这样沉重的打击让他泄气了，他的心情开始变得十分低落。

当一个人心情低落，处于人生低谷的时候，最关心这个人的必然是他的家人。赵光远屡次考不中，心情低落，他的家人非常担心。就在这个时候，他的父亲职位调动。在父亲去嘉善上任的时候，赵光远也跟着去了。改变一下生活环境，散散心，或许能够使他的心情变好。

当然，屡次都未考中而导致心情低落，并不是说赵光远就对科举考试失去了信心，他只是一时难以接受而已，对于知识的学习还是没有放弃的。在赵光远跟随他父亲去上任的嘉善县，有一个文章写得非常好的学者，名字叫作钱明吾。

赵光远跟随他的父亲来到嘉善后，第一件事情就是拿着自己的文章向钱明吾请教。他去的时候是信心满满的，以为自己的文章一定能够得到钱明吾这样德高望重的人的表扬和赞赏，但是却没想到钱明吾“悉抹其文”。钱明吾非但没有表扬他的文章写得好，还大肆批评他的文章很不好，并且把他的文章全部否定。钱明吾是一个正直的人，他没有给赵光远留一点点的面子，把他批评得体无完肤。

出人意料的是，赵光远非但没有生气，反而是对钱明吾的所有批评和修改全部虚心地接受了，越是受到批评，他越是谦虚有加，越是心悦诚服，同时也根据钱明吾的意见迅速地修改了自己的文章。这恰恰说明了赵光远性格中的谦逊，能够谦虚到像他这种程度，实在是难能可贵，有了这样的一种态度，他后来能取得成功也就很好理解了。

就在赵光远见过钱明吾之后的第二年，他就中了进士。或许有人会认为他中进士是他多年努力学习的结果，这一点不可否认，但是这也绝对离不开他谦虚的性格。因为如果他不谦虚，那么在多次都考不中进士的情况下他只会产生怨恨，是绝对不会静下心来继续努力学习的。因此，谦虚的品格才是他最终能考中进士的原因。

谦虚沉稳

壬辰岁，予入觐，晤夏建所，见其人气虚意下，谦光逼人。归而告友人曰：“凡天将发斯人也，未发其福，先发其慧。此慧一发，则浮者自实，肆者自敛。建所温良若此，天启之矣。”及开榜，果中式。

【译文】

壬辰年（1592），我入京觐见皇帝，遇到了夏建所。见他谦虚谨慎，一点也不盛气凌人。回家后我告诉朋友说：“如果上天要让一个人发达，赐给他福德前，一定会先启发他的智慧。智慧一旦启发，那么浮躁的人就会沉淀下来，放肆的人也知道谦虚和收敛。夏建所现在这样温和善良，就是上天开启了他的智慧啊。”等到发榜，夏建所果然高中。

【解读】

了凡先生的观点总结起来就是四个字，即“惟谦受福”，只有谦虚的人才能得到福报。可能有人会说，前面不是才说过只有善良的人才能得到福报吗？这里怎么又说只有谦虚的人才能得到福报呢？其实这两个方面是相互统一的。一方面，面对别人的时候，表现得谦虚一点，这本身就是一种行善。另一方面，谦虚的人会多多行善。那些骄傲自满的人，会认为一个人的所有经历都是自己应该得到的，所以对于那些遭到不幸或者需要帮助的人，他们是不会去帮助的。所以说谦虚和行善是一样的道理。

夏建所即夏九鼎，万历壬辰年进士。他做官时爱民如子，十分清廉。了凡先生在见到夏建所之后，发现夏建所神情谦虚谨慎，一点也不盛气凌人，并且对待别人总是恭敬有礼。了凡先生说，夏建所现在这样温和善良，是上天开启了他的智慧啊。

每个人都有自己的智慧，每个人根据自己的情况选择适合自己的生存方式，这就是智慧。智慧和聪明、狡诈等是不一样的，无论聪明还是狡诈，都是一个人在有了辨别是非的能力之后才能拥有的。但是智慧不同，智慧是一个人天生就拥有的能力，是真正用来解决问题的。

刚出生的时候，每个人的智慧都是一样的，人人好比一块璞玉。璞玉只有经过打磨、雕琢才能真正地焕发出光彩照人的一面。智慧也是一样的。随着时间的推移，人的社会阅历不断增长，这时候智慧才能真正地起到无可取代的作用。

开启智慧需要一个漫长的过程，不过也许有一种简便的方法，那就是得到上天的帮助。上天能够开启一个人的智慧，这本身就是这个人的福气，因为只有真正有智慧的人才能得到并保护好他的福气。当一个人的智慧被开启之后，这个人就会懂得很多的东西，比如做人要谦虚、低调，做人要行善、要积德等。真正地开启了智慧之后，浮躁的人会沉淀下来，放肆的人也知道谦虚和收敛。

那些恃才傲物、骄傲自满、锋芒毕露的人其实是最没有智慧的，就比如三国时期的杨修，虽然他很聪明，但他也可以算作没有智慧的代表。

杨修很聪明，很善于揣度曹操的心思。有一次，曹操对于新修的门不满意，于是便在门上面写了一个“活”字，别人都不明白，杨修一下子就猜测出来了，曹操是认为这个门太大了，因为门里面加个“活”字正好是个“阔”字，于是杨修就让人把门改小。然而杨修却是一个没有智慧的人，不知道什么时候该说什么话，否则怎么会因为“鸡肋”就被曹操杀死呢？本来杨修很容易就能逃避被杀的命运，只要管住自己的嘴就可以了。但是他没有智慧，祸从口出，为自己惹来了杀身之祸。

所以，当发现夏建所“谦光逼人”的时候，了凡先生就断定夏建所当年必定能考中进士。这是因为了凡先生发现夏建所已经被上天开启了智慧，而“谦光逼人”就是他的智慧被开启的直接表现。结果事实再一次证明了了凡先生是正确的，因为发榜的时候，夏建所果然考中了。

皆由心造

江阴张畏岩，积学工文，有声艺林。甲午，南京乡试，寓一寺中，揭晓无名，大骂试官，以为眯目。时有一道者，在傍微笑，张遽移怒道者。道者曰："相公文必不佳。"

张益怒曰："汝不见我文，乌知不佳？"

道者曰："闻作文，贵心气和平，今听公骂詈，不平甚矣，文安得工？"

张不觉屈服，因就而请教焉。

道者曰："中全要命；命不该中，文虽工，无益也。须自己做个转变。"

张曰："既是命，如何转变？"

道者曰："造命者天，立命者我。力行善事，广积阴德，何福不可求哉？"

张曰："我贫士，何能为？"

道者曰："善事阴功，皆由心造。常存此心，功德无量。且如谦虚一节，并不费钱，你如何不自反而骂试官乎？"

张由此折节自持，善日加修，德日加厚。丁酉，梦至一高房，得试录一册，中多缺行。问旁人，曰："此今科试录。"

问："何多缺名？"

曰："科举阴间三年一考较，须积德无咎者，方有名。如前所缺，皆系旧该中式，因新有薄行而去之者也。"后指一行云："汝三年来，持身颇慎，或当补此，幸自爱。"是科果中一百五名。

【译文】

江阴人张畏岩，做学问很下功夫，在读书人中间小有名气。甲午年（1594）参加南京乡试，他借住在一个寺庙里。但是榜单揭晓，却没有他的名字，因此他大骂考官有眼无珠。当时有一个道士在旁边微笑，张畏岩马上迁怒于这个道士。道士说："你的文章一定写得不好。"

张畏岩更加生气了，说："你又没看过我的文章，怎么会知道我写得不好？"

道士说："我听说写文章，最重要的是心平气和，现在听见你在这里骂人，心中愤愤不平的，文章怎么可能写好？"

张畏岩不由得服气了，向道士请教。

道士说："考试中与不中是命中注定的；命中不该中，文章再好也没有多大帮助。因此要自身做转变。"

张畏岩说："既然是命中注定的，怎么能改变呢？"

道士说："创造生命在于天，但是改变命运在自己。只要大力做善事，多积累阴德，什么福气不能得到呢？"

张畏岩说："我是一个穷人，能做些什么呢？"

道士说："做善事积阴德，都是出于内心的想法。只要心里常常抱着这样的想法，那就是功德无量的。况且像谦虚这样的品格，并不需要花钱，你怎么不反省自己却去骂考官呢？"

张畏岩从此改变了往日的作风，很克制自己，善事越做越多，阴德也越来越多。丁酉年（1597），他梦见自己在一所高大的房子里看到了一份科举考试的录取名册，其中有很多行是空缺的。于是他就问旁边的人，旁边的人说："这是今年科举的录取名册。"

张畏岩问："为什么缺这么多名字呢？"

那人回答道："对于那些参加科举考试的人，阴间每三年考察一次，必须是行善积德、没有过错者，才能在上面留下名字。就像前面缺少的，都是原本应该考中的，但是因为最近的品行不好，所以被除去了名字。"那人又指着后面一行说："你这三年来谦虚谨慎，克制自己，应该能够补充到这里，希望你自爱自重。"这一科他果然榜上有名，考了第一百零五名。

【解读】

张畏岩是一个骄傲的人，他不知道自己的学问究竟是怎么样的一个程度，他只是知道自己因为文章写得好而在读书人中间有一些名声。因此，他就认为他的学问很好，科举考试什么的根本就难不住他。在甲午年的时候，他踌躇满志、信心满满地去参加了乡试。考试之后到放榜之前这一段日子中，他一直借住在一个寺庙里。正当他幻想着自己可以乡试、会试，甚至殿试全顺利考中的时候，乡试的结果出来了。但是，这次考试的结果让他感觉到很意外，甚至有一种五雷轰顶的感觉，因为他这么有名气的人考试失败了，居然连乡试都没有通过。

张畏岩无法理解现实和内心想法的差距，不甘心失败。同时，由于对自己过度自信，他把失败归结为外部因素作用的结果，认为自己的失败是别人造成的。所以，他把所有的怨气都发泄在了这次乡试的考官身上。当然，这也只是在背后骂，考官毕竟是朝廷官员，他也没有当面去骂人家的勇气。张畏岩对考官破口大骂，认为他们看走了眼，埋没了他这个人才。

在张畏岩大骂考官的时候，他旁边的一个道士笑了。此时的张畏岩正是内心最烦躁的时候，因此他把一腔怒火都发泄到了道士身上。道士是修道之人，对于张畏岩的怒气毫不在意，只是说："你的文章一定写得不好。"张畏岩本来就因为文章的事情而烦躁，现在道士居然又拿自己的文章说事，于是更加愤怒，便反问道："你又没看过我的文章，怎么会知道我写得不好？"道士说："我听说写文章，最重要的是心平气和，现在听见你在这里骂人，心中愤愤不平的，文章怎么可能写好？"

所谓文如其人，一个人是什么样的性格，他的文章往往就是什么样的风格。张畏岩性格如此暴躁，让人无法接受，想必写文章也是一样让人难以接受。道士认为写文章最重要的是有一颗平常心，而看张畏岩的样子，最缺的就是平常心。

张畏岩听了道士的一席话之后，安静了下来，因为他发现道士的话说得很有道理，于是向他请教。道士对他说，科举考试中与不中都是命中注定的，命中不该中，文章再好也没有多大帮助。但是道士也没有把话说死，他认为只要能够做出改变，还是能够得到自己想得到的东西的。

听到这里张畏岩就感觉奇怪了，既然都是命中注定的，那怎么能够改变呢？道士又说，创造生命在于天，改变命运在自己。大力做善事，多积累阴德，什么福气不能得到呢？

张畏岩认真地想了道士的话，觉得他说得很好，很有道理。但是他觉得改变命运很难，因为自己是一个穷人，没有办法去多多行善，多多地去积累功德。但是道士却不这样认为，并且举出了谦虚的例子——且如谦虚一节，并不费钱。道士认为有没有钱并不是最重要的。一个人只要心善，那么他就是一个善人。只要常存善心，便是无量功德，根本不需要花费巨额的金钱去行善。有很多善事是不需要任何金钱花费就能做到的，比如最简单的谦虚。

每个人行善有不同的方法，穷人有穷人的方法，富人有富人的方法，有人花钱，有人以身作则，不花一分钱，但是，这些都是行善，都是能够积攒大福德的事情。所以说，不要觉得行善是一件很难办的事情，只要有一颗善心，即便是穷人，即便是一分钱没有，也是能做很多善事、积累很多功德的。改变命运最终看的是功德的大小，不是金钱花费的多少。总而言之，最重要的是有一颗善心。

张畏岩在领悟了道士的话之后，就开始有所行动了。他一改往日狂妄不羁、骄傲自负的态度，变得彬彬有礼，十分谦逊，十分注意自己的态度和行为。同时，他在做善事方面下了很大功夫，花了很大的精力，甚至可以说每天都要去做善事。在这样尽心尽力行善的情况下，张畏岩的善行越来越多，所积累的功德也越来越多。

在这个时候，张畏岩做了一个奇怪的梦。他梦见自己在一所高大的房子里得到了一份科举考试的录取名册，其中有很多行是空缺的。于是他就问旁边的人。旁边的人说："这是今年科举的录取名册。"张畏岩问："为什么缺这么多名字呢？"那人回答："对于那些参加科举考试的人，阴间每三年考察一次，必须是行善积德、没有过错者，才能在上面留下名字。就像前面缺少的，都是原本应该考中的，但是因为最近的品行不好，所以被除去了名字。"那人又指着后面一行说："你这三年来谦虚谨慎，克制自己，应该能够补充到这里，希望你自爱自重。”

张畏岩三年认真改过，积德行善，谦虚和善，最终成功地改变自己的命运。当再一次参加科举考试的时候，他终于以第一百零五名的成绩考中了举人。

有志必成

由此观之，举头三尺，决有神明；趋吉避凶，断然由我。须使我存心制行，毫不得罪于天地鬼神，而虚心屈己，使天地鬼神，时时怜我，方有受福之基。彼气盈者，必非远器，纵发亦无受用。稍有识见之士，必不忍自狭其量，而自拒其福也。况谦则受教有地，而取善无穷，尤修业者所必不可少者也。

古语云：“有志于功名者，必得功名；有志于富贵者，必得富贵。”人之有志，如树之有根。立定此志，须念念谦虚，尘尘方便，自然感动天地，而造福由我。

今之求登科第者，初未尝有真志，不过一时意兴耳。兴到则求，兴阑则止。孟子曰：“王之好乐甚，齐其庶几乎？”予于科名亦然。

【译文】

由此可见，举头三尺有神明；趋向吉利躲避凶祸，是由我自己决定的。一定要在内心中限制自己的行为，一点也不能得罪天地鬼神，而且要谦虚谨慎，使得天地鬼神时时怜悯眷顾我们，这样才有获得福气的基础。那些盛气凌人的人，一定没有远见，即使发达了也没有福气享受。稍微有点见识的人，一定不忍心使自己因为心胸狭窄而拒绝福泽。况且谦虚的人有受到教育的机会，这样就能得到无数的好处，这是读书人尤其不能缺少的。

古语说：“志向在于考取功名的人，一定能取得功名；志向在于大富大贵的人，一定会大富大贵。”人有了志向，就像树有了根。只要立下了志向，就必须保持谦虚，处处不忘给人行方便，这样自然就能感动天地，所以说造福全在我们自己。

当今考科举求取功名的那些人，最开始并没有真正地立下志向，只不过是一时的兴趣，兴趣在的时候就考取，没兴趣的时候就停止了。孟子说：“大王如果真正喜欢音乐，那么齐国治理得也就差不多了。”我认为考科举也是这个样子。

【解读】

举头三尺有神明，也就是说神每时每刻都关注着人，“人在做，天在看”其实和这句话的道理是一样的。就像前面讲述的张畏岩那个例子一样，张畏岩只不过是埋头做了几年的善事，他并没有对任何人说，也没有到处去宣传，但还是被鬼神知道了，这就是因为“举头三尺有神明”。

有了志向的人，如果努力去做的话，最终一定会实现自己的理想。项羽的志向是打败秦国，他去努力了，最终打败了秦国；勾践的志向是复国，他卧薪尝胆，最终打败了吴国、复兴了越国。

想干大事情的人首先要有大志向。人的志向，就像是树根一样。一棵树想要枝繁叶茂，根系就必须发达。大树的根部，就好像是人的志向，立定志向之后，应一生追求，虽死不改。譬如孔子，他在十五岁的时候就立志求学，一生从未改变过。一棵树根系发达，才能茁壮地成长；人拥有志向，才能获得成功。

当然，想要实现自己的志向还必须要有一个正确的方法，比如想赚钱就要努力地去奋斗，想考功名就要努力学习。

只是有一个正确的方法还不行，还要用心。用心，说简单点就是要付出真心。譬如为了赚钱而去工作，但是不用心，工作根本做不好，只有用心去做，把所有工作都尽力完成好，才可能会有发达的一天。再比如考功名，为了能考中而努力学习，但是却不用心，学到的知识根本就记不住，也不能消化理解，这样不还是和没学一样，再考和之前有什么区别呢？用心把学问研究透彻，自然就不会考不中了。

了凡先生认为要想实现志向还“须念念谦虚，尘尘方便”，也就是说必须谦虚。谦虚的人，大多都十分低调，不愿意去与别人争一些毫无意义的东西，处处与人方便，待人平心静气。之前说过，谦虚对人是很有好处的，起码你对别人好，别人也会对你好，当你需要帮助的时候，别人也会伸出援助之手。而在实现志向的道路上，是离不开别人的帮助的。